這位CEO有點斜槓

奇異總裁

傑克威爾許

徐博年，趙建 著

Jack Welch

六標準差、無邊界概念、

區別化人才激勵機制……

一場屬於奇異的管理革命

美國《財星》雜誌：「二十世紀最佳經理人。」

美國《產業週刊》：「最令人尊敬的執行長。」

淘汰冗員、關閉績效差的部門，被稱為殺人於無形的「中子彈」。

——世紀經理人、奇異傳奇CEO傑克‧威爾許

崧燁文化

目錄

前言

✍ 上篇

✎ 中篇

前言

如果說 20 世紀是商人主導的世紀，那麼誰是其中最偉大的專業經理人呢？即使不熟悉商業現狀的人，答案也不會很難給出 —— 奇異公司（GE）的前 CEO 傑克‧威爾許。

奇異公司是一家集技術、製造和服務業於一體的多元化公司，其創始人是著名的美國發明家湯瑪斯‧愛迪生，他於 1878 年創立了愛迪生電燈公司。1892 年，愛迪生電燈公司和湯姆森休斯頓電氣公司合併，成立了奇異公司。

奇異公司是自 1896 年道瓊工業指數創立以來至今仍在指數榜上的公司。在全球擁有員工近 313,000 人，目前是世界上市值最高的公司之一，連續數年被世界著名財經日報英國《金融時報》評為「世界最受尊敬的公司」，其董事長兼執行長傑克‧威爾許也多次被評為世界最佳執行長。

傑克‧威爾許自 1981 年至 2001 年擔任公司總裁，不僅在奇異公司擁有至高無上的個人魅力，更是商界的傳奇人物。從 1981 年主管奇異公司起，短短的 20 年裡，傑克‧威爾許使得奇異公司的市值達到 4,500 億美元，成長 30 多倍，排名從世界第十名提升到第二名。

所有的人都說，創業難，守業更難，但傑克‧威爾許改變了這個說法，他創造了奇蹟，將奇異這個「百年老店」經營得重放光彩。

就像牛頓在物理、數學以及天文學皆有突破性創見一樣，傑克·威爾許在經濟領域成就眾多。他所倡導和實行的管理革命，弘揚了為股東創造價值這一企業經營的根本原則，扭轉了二戰以來國際大企業普遍福利化的傾向，使企業獲得了真正的動力；他創造了一個最有益於人才成長的文化，造就的不僅是一代企業家，更造就了一種積極向上的精神，今天的奇異已經成為赫赫有名的「經理人搖籃」、「商界的西點軍校」，全球《財富》500 強中有超過 1/3 的 CEO 都是從奇異走出的；在產業整合方面他提出「數一數二」的理念；在企業管理方面他開創「群策群力」的方法；在產品品質考核方面他採用極其嚴格的六標準差體系，將奇異這家生產型企業轉變為服務主導型企業，全力推動生產及銷售的全球化，以及對電子商務的應用……

任何一個專業經理人只要取得上述任何一項成就，已經足以躋身優秀經理人之列。而更為重要的是，傑克·威爾許的成功引發了一場前所未有的，全球各個領域的經理人對於管理及創新的狂熱。人們對他頂禮膜拜，對他無比崇敬，但這個優秀的老人卻在 2001 年事業巔峰期選擇退隱，當然，他的精神還在繼續作用，他所努力創造出的企業文化還在奇異以及其他企業中產生更深遠、更悠久的影響。正如華特·迪士尼公司董事長兼 CEO 麥可·艾斯納（Michael Eisner）所說：「傑克不僅僅是

一個商業鉅子，還是一個有心靈、有靈魂、有頭腦的巨人。」

　　傑克·威爾許曾經也是和我們一樣的普通人，但他知道如何利用自身的優勢去抓住身邊的機遇，於是，他成功了。

　　在傑克·威爾許成功的背面，還隱藏著更為根本的東西，那就是讓他成功和成名的祕密。這些祕密讓他在奇異青雲直上；讓他在變革奇異的過程中衝破層層阻力；讓他在關鍵時刻力挽狂瀾……正是靠著這些，傑克·威爾許走到了讓我們無比欽羨的人生巔峰。

　　那麼，這種根本的東西具體指的是什麼呢？這正是本書著力破解的謎底。

　　本書從威爾許的成長歲月寫起，全面描寫了他的成長歷程，深入刻劃了他的性格特徵，全方位剖析了他的管理以及成功祕訣，為讀者展現了一個全面的、立體的、鮮活的威爾許形象。

　　閱讀本書，領悟商道最高境界，體驗經營智慧遊戲，必定讓你受益匪淺。

上篇

第一章

傑克·威爾許的成長歲月

　　她，葛蕾絲·威爾許，是我一生中對我影響最大的人。她不但教會了我競爭的價值，還教會了我享受勝利的喜悅和擁有在前進道路上接受失敗的心理準備。

—— 傑克·威爾許

自信心要從小培養

　　傑克‧威爾許出生在一個典型的美國中產階級家庭，不算窮，也不富裕，父母結婚 16 年後才有了這個獨生子，父親性格沉穩，言語不多，很少對兒子發號施令，他為「波士頓 —— 緬因鐵路公司」工作，早出晚歸，所以培養孩子的任務就落在了母親的肩上。

　　與其他母親不太一樣的是，葛蕾絲對兒子的關心主要展現在提升他的能力和意志上面，威爾許非常尊敬乃至崇拜母親：「她是一位非常有威嚴的母親，總是讓我覺得自己什麼都能做，是我母親訓練了我，要我學習獨立。每次當我的行為稍有越軌，她就一鞭子把我抽回來，但通常都是正面而且有建設性的，還能使我振作起來。她向來不說什麼多餘的話，總是那麼堅決，那麼積極，那麼豪邁。我總是對她心服口服。」

　　母親教給威爾許三門非常重要的功課：坦率的溝通，面對現實，並且主宰自己的命運，這是母親始終抱持的理念，日後在威爾許的管理生涯中被發揮得淋漓盡致。

　　威爾許從小就口吃，而且很難矯正，有時因為口吃引來不少笑話，這讓威爾許經常遭遇難堪的局面。

　　針對威爾許的這一弱點，母親總是為他找一些完美的理由。她會對威爾許說：「這並不是什麼缺陷，只是因為你太聰明了。沒有任何一個人的舌頭可以跟得上你這樣聰明的腦袋瓜，

別急，慢慢來！讓我們一起努力。我想經過一段時間的訓練，你嘴巴說的和你心裡想的會一樣快。」

「事實上，這麼多年來，我充分相信母親對我說的話：我的大腦比我的嘴轉得快。我的母親從來沒有管理過任何人，但是她知道如何去建立一個人的自尊心和自信心。」威爾許每每想起母親，總抑制不住自己的感慨。

結果，略帶口吃的毛病並沒有阻礙他的發展，而實際上注意到這個弱點的人大都對他產生了某種敬意，因為他竟能克服這個障礙，在商界出類拔萃。美國全國廣播公司新聞部總裁麥可對他十分敬佩，甚至開玩笑地說：「他真有力量，真有效率，我恨不得自己也口吃。」

「我們所經歷的一切都會成為我們信心建立的基石。」這是傑克‧威爾許後來的感悟，也是他母親之所以這樣做的初衷。

威爾許是幸運的 —— 他有一個時刻關注著他的母親，在他成長的每一個足跡上都傾注著母親的熱情，而當他出現偏離時母親總是即時地提醒他。在母親所做的努力中，威爾許汲取了許多的精神養分，更培養出了一種高度的自信。

威爾許從小就非常喜歡運動，尤其喜歡打曲棍球，經常和同學到其他城市去參加比賽。別的孩子出遠門父母都要陪著，可是母親很早就把他當大人看待，她總是把威爾許送上火車，讓他獨自去參加球賽。在中學的時候，威爾許當上了曲棍球隊的隊長，威爾許說自己領導的才能是在球場上培養出來的。

「我們所經歷的一切都會成為我們信心建立的基石。當你被選為一支球隊的隊長，在球場中選隊員時，你就掌握了這支隊伍。漸漸地，你會習慣這些經驗，而且人們也會信任你，給予你善意的回應。」

孩提時期的威爾許常常去一個被他們叫做「坑洞」的廢棄採石場裡玩耍，和鄰家的孩子一起聚集在這裡打棒球和籃球。孩子們打起球來總是亂成一團，威爾許則在當中扮演著主導人物，他組建隊伍，控制一切局面，但有時也免不了因為各種原因和人打鬥。就是這麼一個「破破爛爛的場地」最早地流露出了傑克強烈的競爭性。當時一個叫佐爾的玩伴（後來當上了麻薩諸塞州地區法院的審判長）回憶到：

「傑克雖然十分守規矩，但總是爭強好勝，不屈不撓，愛和人爭論。」威爾許曾在一次籃球比賽中痛斥佐爾，罵他把球拱手相讓，令佐爾感到吃驚的是威爾許缺乏克制：「這話本應私下說，可他從來不這麼想。」

威爾許的中學成績原本可以保證他進入美國最好的大學，但因種種原因而事與願違，只進了麻州大學。一開始他感到非常沮喪，但進入大學之後，沮喪就變成了慶幸。

「如果當時我選擇了麻省理工學院，那我就會被昔日的夥伴們打壓，永遠沒有出頭的一天，然而這所較小的州立大學，讓我獲得了許多自信。我非常相信一個人所經歷的一切，都會成為建立信心的基石：包括母親的支持、運動、上學、取得學位。」

事實證明威爾許是麻州大學最頂尖的學生，看來沒有到麻省理工學院是對的。

擔任威爾許大學班導的威廉當時也看出了威爾許成功的徵兆：「是他的雙眼，他總是很有自信，他痛恨失敗，即使在足球比賽中也一樣。」

「自信」在日後成為了奇異公司的核心價值觀之一，傑克說：「所有的管理都是圍繞『自信』展開的。」

少年時代

少年時代的傑克‧威爾許，做了一個成功人士少年時代應該做的一切事情：培養強烈的求勝欲又能正確面對失敗；努力追求財富和享受興趣卻不喪失尊嚴；雖然會做錯事情卻能勇於承認並從中吸取經驗教訓……在能力素養和精神品質上，他為自己的美好未來準備了一切，這在很大程度上決定了他的成功。

◆ 競爭中保持良好的心態

小時候，傑克‧威爾許經常和母親在廚房的桌子上玩一種叫做「金拉米牌」（gin rummy games，一種雙人牌戲）的遊戲，這個遊戲讓幼小的威爾許認識到了競爭的樂趣，競爭意識逐漸融入到他的頭腦中。

威爾許說：「我還在讀一年級時，中午一放學，我就像賽跑一樣從學校飛奔回家，希望能有機會和母親玩金拉米。每當

她贏了我 —— 當然通常都是這樣 —— 她會將她的牌一下子扣在桌子上，喊道：『金！』這會使我一下子瘋狂起來。所以每次我都迫不及待地想回家，期盼有機會能夠贏她。我想這就是我在棒球場、冰球場、高爾夫球場和商場上頗有競爭心的原因吧！」

母親的教育給傑克・威爾許帶來的良好的競爭意識和強烈的求勝欲，使他在競爭時絲毫不懼怕比他強大的對手，一心求勝，並始終保持良好的心態。

◆ 懂得誠實的價值

眾所周知，傑克・威爾許是一個「高爾夫迷」，但很少有人知道，少年時的威爾許極度癡迷於這項運動，甚至為此去偷過一顆高爾夫球。

當時，威爾許在離家不遠的一個高爾夫俱樂部當球童，一天，他躺在床上計算著下次去俱樂部的日子，突然，一個念頭闖進他的頭腦，他想，不如去偷一顆高爾夫球吧，那樣自己就可以天天在家練習了。

說做就做，威爾許再也躺不住了，他立即起身飛快地向肯伍德鄉村俱樂部跑去，到這家俱樂部當球童已經一年多了，他熟悉俱樂部的每個人物和每個角落，一切都很順利，威爾許如願以償的拿到了一顆高爾夫球。

威爾許多少天的願望終於實現了，他高興極了，可他的高

興沒有持續多長的時間就徹底破碎了。母親發現了這件事，並嚴厲地指責他，她無法容忍兒子有這樣可恥的行為，她要兒子去把球還給別人。威爾許拚命掙扎著，他知道錯了，可是如果去還了球，他擔心從此以後會被所有人看不起。他哀求媽媽准許自己把球扔到河裡去，他保證再也不做這種可恥的事了。

威爾許的父親同意了，孩子已經認識到了錯誤，如果堅持讓孩子把球還給人家，他擔心孩子以後的生活會留下無法抹去的陰影，母親也沒有再堅持。

第二天，母親帶著威爾許來到河邊，親眼看著威爾許將球扔進河裡。母親憐愛的撫摸著威爾許的頭，語重心長地說：「記住，孩子，無論何時何地，誠實和正直都是最重要的美德。」

威爾許扔掉了偷來的高爾夫球。更重要的是，透過這件事，威爾許深刻的懂得了誠實和志氣的價值，他在以後的一生中都注重誠實與信譽。在他退休以後，雜誌評論他是一個沒有任何負面報導的 CEO。在商界爾虞我詐的環境中，他能夠堅持公平公正，與小時候的經歷和所接受的教育是分不開的。

◆ 活著，就要有尊嚴

在傑克‧威爾許的球童生涯中，他曾經替當地高爾夫俱樂部最吝嗇的會員當球童。一天，那個傢伙為了戲弄他，居然徑直將球打到了池塘裡，距離岸邊至少有 10 英尺。他要威爾許脫掉鞋和襪子，跳到泥塘中去找他的球。

　　自尊心很強的威爾許拒絕了這個無理的要求，並決定報復一下這個刁蠻無禮的人，他說了句：「見你的鬼去吧！」並且還把他的球桿也扔到了池塘裡，沒等那個人反應過來，他就頭也不回地走了。

　　晚些時候，威爾許的母親知道了這件事，她為孩子受的委屈而心痛，她很理解威爾許的感受，本來，她可以就這件事好好教訓或懲罰一下威爾許，可她並沒有這麼做。

　　母親的理解保護了威爾許倔強的性格，使他懂得了無論在何種情況下，維護自尊都是正確的，這一點為他後來的成就奠定了基礎。

◆ 從錯誤中吸取教訓

　　傑克・威爾許 12 歲的時候，和幾位同學逃學到南波士頓去慶祝聖派翠克節（St.Patrick's Day）。那一次，他們一起喝了大約 5 升的葡萄酒，最後威爾許醉醺醺地回了家。母親知道後，狠狠地懲罰了威爾許，甚至動手打了他。

　　她邊打邊傷心地說：「你才幾歲啊？就到外面喝酒，而且這麼晚才回來，你怎麼這麼快學壞啊！你太讓媽媽失望了，你知道嗎？」

　　威爾許嚇壞了，以前母親雖然也責罰過他，但並沒有打過他，也沒有這麼傷心過，他深深地知道自己錯了，他向母親承認了錯誤，並保證不再犯。

　　或許，傑克・威爾許只是犯了和許多孩子一樣的錯誤，但母親的教育決定了一生的性格。而且，從那以後，他明白了一個道理：錯誤是一個老師，它會告訴你什麼事情應該做，什麼事情不應該做。牢記過去的教訓，就能避免犯更大的錯誤。

◆ 坦然面對失敗

　　傑克・威爾許在讀高中時，曾參加過冰球賽事。當時他所在的隊伍贏得了頭三場比賽，但在隨後的比賽中，他們輸掉了六場，其中五場都是一球之差。最後一場比賽，他們極度地渴望勝利。身為副隊長，威爾許獨進兩球，對方也攻進兩球，雙方打成 2 比 2 平手，比賽進入了延長賽。

　　延長賽開始不久，對方很快就進了一球，這一次他們又輸了。威爾許沮喪至極，憤怒地將球棍摔向場地對面，頭也不回地衝進了休息室，整個球隊已經在那兒了，大家正在換冰鞋和球衣。就在這時門突然開了，威爾許的母親大步走進來。

　　休息室頓時安靜下來。每一雙眼睛都注視著這位中年婦女，看著她穿過屋子，徑直向威爾許走來，一把揪住他的衣領。

　　「你這個窩囊廢！」她朝著威爾許大聲吼道，「如果你不知道失敗是什麼，你就永遠都不會知道怎樣才能成功。如果你真的不知道，你就最好不要來參加比賽！」

　　威爾許遭到了母親的羞辱，但這番話他再也無法忘記，因為他知道，母親會這麼說是因為對他的愛。她不但教會了威爾

許競爭的價值，還教會了他在前進中接受失敗以及勇於挑戰的勇氣和信心。

母親的行為道出了事件本身所包含的巨大意義：一個人只有勇敢地應對一切不可逃避的困難和失敗，並能夠尊重事實、尊重對手、尊重競爭的價值，才能對自己做出最公正的評價，並能真正悟懂人生的遊戲規則。

求學生涯

1953 年的秋天，傑克・威爾許高中畢業後，進入麻州大學就讀。這時他第一次真正離開家，顯然，他沒有做好心理準備，對完全離家上學感到極不適應，以至於被擊垮了。

他的同學中有從新英格蘭大學先修班來的學生，也有從久負盛名的波士頓拉丁學校來的學生，他們在數學方面都表現得很出色，威爾許感受到了龐大的壓力，而且，他還覺得物理非常複雜，唯有在自己擅長的化學科，他才能感到得心應手。但是他從來沒有向母親提到這種課業的壓力，他只是對母親說太想家了。

為了讓兒子能振作起來，母親專程開車從三個小時以外的家裡趕到學校來為兒子打氣，她想讓兒子重新振作起來。

母親對威爾許說：「看看周圍的這些孩子，他們從來沒有想過回家。你和他們一樣優秀，而且還要更出色。」

母親那些激勵的話確實奏效了，不到一個星期，威爾許便不再那麼憂慮了。

在大學生活了大概一年之後，傑克·威爾許逐漸適應了這裡的一切。從此，他開始投身到豐富多彩的校園生活中去了，並很快地脫穎而出，1957 年，當他畢業時，是學校裡唯二獲得化學工程學士學位的優秀學生。還在讀大四的時候，很多著名的公司就對傑克·威爾許表現出強烈的興趣，希望他前去就職。威爾許有很多選擇的機會，但是他的導師勸他去研究所繼續攻讀碩士，認為他應該在化學領域繼續深造。威爾許接受了導師的建議，拒絕了那些公司的邀請，並決定到伊利諾大學繼續學業，因為那裡會為他提供可觀的獎學金，這對家境並不富裕的他來說，是很有誘惑力的，而且這所學校在化學工程研究方面的實力穩居全美前五名。

在伊利諾大學讀研究所期間，傑克·威爾許幸運地遇到了曾給過他關鍵性幫助的化學工程系主任。

傑克·威爾許剛讀研究所不到兩週，就和一位漂亮女生在週六晚上約會，兩人來到樹林中的校園停車場旁邊……結果被學校的警衛逮了個正著。

威爾許被突來的意外嚇得不知所措，擔心隨後可能產生一系列的惡果。要知道那可是發生在保守的 1950 年代美國中西部的事情。

威爾許的校園生活出現了危機。他覺得自己可能會失去一切：獎學金、獲得碩士學位的機會以及自己尚未開始的事業。最為重要的是，他想到了母親，如果母親知道了他所做的一

切，不難想像，必然會有激烈的反應。

　　在走投無路的情況下，威爾許去找了主任。主任以粗暴著稱，但在伊利諾大學卻具有很高的聲望，威爾許平時非常畏懼這位老師，然而，當時他已經沒有別的辦法。

　　「老師，我遇到一個大難題，學校的警衛因為我的不良行為而抓住了我，我現在不知道該怎麼辦，我想我需要你的幫助。」接下來，威爾許將所發生的一切告訴了自己的老師。

　　老師非常生氣，威爾許是他所有的研究生裡第一個做出不光彩行為的學生。但是，在一番警告之後，他答應幫威爾許處理好這件事，身為師長，他也不希望一個涉世未深的年輕人就此失去光明的前途。

　　老師解救了威爾許，在與教務長艱難的交涉之後，威爾許最終沒有被驅逐出校。

　　這次事件之後，威爾許和老師走得更近了，他們之間建立起了很好的師生關係，老師簡直就把他當作兒子一樣看待。

　　在經歷了一番風波以後，威爾許更加珍惜難得的學習機會。接下來的日子就在他的勤奮學習中過去了。

　　1958 年，威爾許完成了在伊利諾的第一學年，研究生的課程結束了。當時，整個國家的經濟都不景氣。與大學畢業時，眾多工作等待他選擇的情形大不相同，現在他只得到了兩個工作機會：一個是在土爾沙附近的奧克拉荷馬石油精煉廠，另外一個是路易斯安那州的乙基公司。

在前往乙基公司面試的飛機上，傑克‧威爾許和他的同學正在一起說笑，這時發生了一件事情。一位空姐過來詢問：「威爾許先生，想喝點什麼嗎？」然後她轉過去對威爾許身邊的人問道：「加爾特納博士，想喝點什麼嗎？」

這件事對其他人來說只是微不足道的小事，可是它卻改變了傑克‧威爾許的人生道路。

威爾許覺得加爾特納「博士」比威爾許「先生」聽起來悅耳多了，威爾許要成為博士是一件很容易的事，需要做的只是在學校再待上幾年罷了。所以在簡單考慮了一番後，威爾許就決定留在校園裡繼續攻讀博士學位。這樣做一方面可以避免經濟不景氣帶來的就業困難，另一方面是因為威爾許非常喜歡他在伊利諾的教授們，特別是化學工程系主任和他的論文指導老師。在攻讀博士學位的時候，指導老師給了威爾許很大的幫助，在指導老師的支持下，威爾許只用了三年時間就獲得了博士學位，幾乎比所有的人都要快。因為一般情況下，一個博士生需要四到五年的時間才能獲得博士學位。

在研究所，特別是攻讀博士學位的時候，威爾許的生活幾乎都是在實驗室裡度過的。早上 8 點鐘迎著朝陽出門，晚上 11 點鐘披著星光回家。有時候，威爾許甚至覺得自己是以燈泡亮滅的時間來計算日子的。

威爾許的博士論文主要是研究蒸汽供應系統中的凝結問題，所以他常常要花費數小時研究水蒸氣並觀察水蒸氣在銅盤

裡的凝結狀況。威爾許日復一日的用高速照相機拍攝表面上凝結水滴的幾何圖案，並從這些實驗中推導出了熱傳導方程式。

後來，威爾許回憶起這段時間時還覺得有些可笑，寫一篇畢業論文能讓一個人完全沉迷於其中，還以為是在做能夠獲得諾貝爾獎的重要工作。但是，那段完全沉迷於工作中的感覺讓威爾許回味起來的時候總是感覺很美好，這或許正是威爾許上班以後常常埋頭於事業的原因吧。

威爾許一直覺得化學工程是商業職業所需要的最好的背景之一，因為課堂上的作業和必須的論文都會教給人們一個很重要但是也很簡單的道理：許多問題都是沒有限定答案的，真正重要的是一個人的思維過程。

這對於大多數商業問題來說也是一樣的。思考的過程可以幫助人們更接近事物陰暗的一面，很少會有非黑即白的解答。而且在更多的情況下，商業中對嗅覺、感覺和觸覺的要求和數字一樣重要，有時甚至重於數字。如果人們一定要等待完美答案的話，則可能會錯過整個世界。

總之，威爾許的求學生涯還是很順利的，在重要的兩個階段，都幸運地遇到了幫助和栽培他的良師，他們像父親一樣協助他、關愛他，在他的求學生涯中助了他一臂之力。

1960 年，威爾許離開伊利諾大學的時候，他已經明白自己喜歡的以及自己想做的事情，還有很重要的一點就是：什麼事情是自己所不擅長的。威爾許很清楚自己，他認為自己根本不

是攻讀學位的天才人物，和其他同學相比，他屬於喜歡人勝過喜歡書、喜歡運動勝過喜歡科技發展的人。所以，他認為無論從知識背景還是個人性格來看，一份既涉及技術，又涉及商業的職業才是他的正確選擇。

初出茅廬

◆ 加入奇異公司

拿到博士學位後，傑克‧威爾許幸運地得到了好幾個工作機會，但是其中只有兩個是合適的，一是在德克薩斯的埃克森公司從事研發實驗室的工作，一是在麻薩諸塞州的奇異公司新化學開發部門工作。

奇異公司邀請威爾許先去工作地點考察一番，可以先了解那裡的情況再做決定。威爾許同意了。

在工作地點考察時，威爾許遇到了丹‧福斯博士，他是負責奇異公司新化學構想的科學家。福斯就像威爾許以前的教授一樣，給人充滿智慧的印象，而且值得信賴。

和許許多多的發明者一樣，福斯的工作就是不停的實驗和研究。在上一個專案臨近結束的時候，他就早已準備好要著手下一個專案了。他希望能夠率先研製出一種叫做 PPO 的耐熱塑膠產品。他認為 PPO 將會是下一代的偉大產品。他向傑克‧威爾許描述了這種產品無可匹敵的耐高溫特性，還說這種產品甚至

可以替代熱水銅管和不鏽鋼醫療器械。

福斯非常欣賞威爾許的才華，他承諾傑克‧威爾許博士將是第一個負責把塑膠從實驗室裡拿去投入大量生產的員工。

福斯稱呼他為「傑克‧威爾許博士」，這使威爾許感覺好極了，他第一次聽到別人這樣尊重地稱呼他為博士。

最重要的是，這份工作深深地吸引了威爾許。所以，威爾許欣然接受了奇異公司的工作。1960 年 10 月 17 日，他被正式錄取為奇異公司的一名工程師。

傑克‧威爾許步入社會的第一步很堅實，也很成功。他沒有隨波逐流，盲目地做出與同學們相同的選擇。他找到了自己熱愛的職業，走上了適合自己的道路，這是他走向成功的第一步。

◆ 辭職事件

傑克‧威爾許進入了奇異公司後主要負責 PPO 材料的研製工作，這種新型材料在所制定規格的顏色與延展性上有一些小問題存在，但威爾許依然熱情工作，努力去克服一個又一個的難題。

威爾許成功地推出 PPO 材料時，他被公認為奇異公司塑膠部門一顆脫穎而出的新星，成為眾多化工公司關注的焦點，開始有獵頭公司盯上他了。就在威爾許雄心勃勃地要大展宏圖之時，他發現奇異公司存在著嚴重的官僚主義，首先展現在薪酬管理問題上。年底時，公司替傑克‧威爾許加了 1,000 美元的

薪水，他為此感到很高興。但很快，傑克・威爾許發現無論員工表現好與壞，在工作的第一年終結時，都會獲得 1,000 美元的加薪。

生性要強的威爾許無法忍受奇異對待人才的方式，他認為既然付出了相應的努力，就應該得到等額的回報。而他相信自己應該獲得更高的薪水，所以他毅然地向奇異公司塑膠部門主管提出了辭職。當時位於芝加哥的國際礦物化學公司十分欣賞傑克・威爾許的才華，他們向威爾許提出，只要他願意加入，他就能獲得 25,000 美元的年薪，這相當於威爾許在奇異公司的兩倍。威爾許考慮後決定接受這個職位。

就在傑克・威爾許預備動身的這一天，正在麻州考察的奇異公司副總裁魯本・古托夫聞訊趕到了塑膠部門。他對這位年輕的化工博士早有耳聞，尤其是他研製出 PPO 材料以後，塑膠部門的業績直線上升。古托夫意識到，奇異公司應該留住像傑克・威爾許這樣的人才並委以重用，不然對公司是一大損失，同時也增加了競爭對手的實力。

古托夫找到了威爾許，極力勸他留在塑膠部門。他知道年輕人的脾氣，便許諾給他現薪三倍的薪酬作為他的年薪，工作出色後還有獎勵；並且答應他只要他工作再出成績，就委以更多的責任。

古托夫使用更高的薪水和更高的職位誘使威爾許重新回到奇異公司來上班，他成功了。這個來公司不到一年就想跳槽

的小個子青年在日後 40 年內一心一意在奇異公司工作。並在 1981 年成了公司的總裁，領導奇異公司雄踞全球企業 500 強中的第一強。

◆ 掀掉屋頂

1963 年春天，傑克・威爾許經歷了一生中最為恐怖的事件之一——大爆炸。

當時，威爾許正坐在匹茲菲爾德的辦公室裡，街對面正好是實驗工廠。這是一次巨大的爆炸。爆炸產生的氣流掀開了樓房的房頂，震碎了頂層所有的玻璃。

身為這家實驗工廠的負責人，威爾許顯然有嚴重的過失。第二天，他不得不驅車 100 英里去康乃狄克的橋港，向集團的一位執行官查理・里德解釋這場事故的起因。威爾許已經做好了被辭退的最壞準備。

然而，威爾許的上司查理・里德並沒有對他大聲責罵，查理・里德表現得異常通情達理：「我所在意的是你能否從這次爆炸中學到什麼東西，你是否能夠修改反應器的程式？是否能繼續這個專案？」

查理・里德的表情和口吻充滿理解，看不到一絲情緒化的東西或者憤怒。「好了，我們最好是現在就對這個問題有個徹底的了解，而不是等到以後，等我們進行大規模生產的時候。」查理・里德說道。

查理‧里德的行為給威爾許留下了深刻的印象。回憶起這段經歷時，他感慨道：「當人們犯錯誤的時候，他們最不願意看到的就是懲罰，這時最需要的是鼓勵，首要的工作就是恢復自信心。」

查理‧里德無疑是一個優秀的主管，他的行為在很大程度上挽救了威爾許在奇異公司的生涯，使威爾許擺脫了困境，重拾自信。

◆ 脫穎而出

1964 年，當傑克‧威爾許接手奇異公司投資 1,000 萬美元的 PPO 塑膠製品專案時，他遭遇了一次巨大的考驗，險些葬送了剛閃耀出美麗光芒的職業生涯。新專案上馬後，他們發現 PPO 產品有著嚴重的品質缺陷。老化性實驗中，該產品在高溫下容易變脆，而且易被壓碎，致使該產品不可能成為熱水銅管的替代品，這無異於阻斷了 PPO 產品在未來市場的成長通道。

倘若產品的這一問題得不到解決，便會使公司的巨額投資化為泡影，還可能使威爾許在奇異公司的發展畫上句號。當然，他沒有過多地考慮個人問題，而是毫不掩飾地把產品缺陷向全公司通報，並與專案小組成員一頭栽進實驗室，嘗試每一種可以防止 PPO 分裂的辦法，經過全體員工 6 個多月瘋狂的努力，他們最終找到了相應的解決方案 —— 將 PPO 與低成本的聚苯乙烯以及一些橡膠混合起來，製成一種名為「改性聚苯

醚」的產品。該產品不僅未偏離當時的投資初衷，還獲得了龐大的商業效益，並為奇異公司創造了 10 億美元的銷售額！

◆ 平步青雲

在經歷了不太順利早期職業生涯後，傑克‧威爾許接下來在奇異的日子可以說是平步青雲。

1968 年 6 月初的一天，也就是傑克‧威爾許加入奇異公司 8 年後，經董事會批准，他被提升為主管整個塑膠業務的總經理。至此，32 歲的傑克‧威爾許成了奇異公司有史以來最年輕的總經理。而且，每年的 1 月分都會受到邀請，去佛羅里達參加公司的高層管理會議。

1971 年，傑克‧威爾許獲得了化學和冶金部門總負責人的職位，在他剛上任不久，就讓三名不稱職的經理離開了奇異公司。

1972 年 1 月，傑克‧威爾許升任為奇異公司副董事長。剛一上任，他便同時任用了三名優秀的員工做部門經理。最令人難以置信的是，威爾許居然任用一名年僅 27 歲的年輕律師掌管部門事務。

1973 年 7 月，傑克‧威爾許的職務再次提升了。他的頂頭上司魯本‧古托夫被提升到公司總部，威爾許則坐到他原本的位置上，主要負責在匹茲菲爾德的化學和冶金部門，此外，還包括其他業務，例如密爾瓦基的醫學系統、韋恩堡的電器零件，以及錫拉丘茲的電子器件。他管轄的範圍更大了，這與他曾經

取得傲人的業績有很大關係。

1977 年 12 月，傑克‧威爾許被正式提升為高級副總裁，不僅是消費類產品和服務部門的總經理，還是奇異信貸公司的副董事長。這次提升使威爾許終於告別了匹茲菲爾德。

這時，傑克‧威爾許距離坐上奇異公司 CEO 的寶座只差一步之遙。

成為奇異接班人

現在已被無數企業家奉為圭臬的傑克‧威爾許無疑是有著超強能力的，而威爾許的成功與他的前任執行長雷吉‧瓊斯（Reginald Jones）有著千絲萬縷的關係。

雷吉‧瓊斯花了 7 年的時間來物色和考察傑克‧威爾許，這 7 年，任用傑克‧威爾許是奇異公司歷史上最成功的決策。這 7 年的遴選準備工作，為奇異公司後來的成功奠定了基礎，譜寫了奇異公司歷史上最輝煌的樂章。

1974 年，瓊斯擔任奇異公司的董事長才 3 年，就已經著手挑選自己的繼任人了。這個時候他才 57 歲，離 65 歲退休還有 8 年的時間。但他的深思遠慮促使他把挑選接班人的工作提到了議程，他想提早做出準備。

瓊斯要找一位能讓奇異公司更加壯大的繼任人，認為經過先前的認真挑選與考察，一定會找到一個滿意的接班人。

有了這樣一個想法，瓊斯開始了選擇接班人的準備工作。對於繼任人，瓊斯的腦子裡並沒有一個現成的合適人選。於是，他要求人事部門準備一份名單給他。但他的要求被委婉地拒絕了，人事部門認為這至少也應該是 10 年之後的事情。但在瓊斯的強烈要求下，人事部門不得不提供一份含有多名候選人的名單。這個時候，瓊斯發現名單上少了一個應該有的人，那就是負責塑膠企業的傑克‧威爾許。

人事部門的人看法卻不同，他們說傑克‧威爾許太過獨立，性格孤僻，而且當時只有 39 歲，太嫩了點。在這種時候，瓊斯只得以命令的方式把傑克‧威爾許加入到候選人的名單裡。經過各種考慮，候選人最後減少到了 11 位，威爾許仍在其中。

經過 3 年的考察，各位候選人在瓊斯心目中的形象也清晰了。為了進一步地了解候選人相互之間的印象和自己對他們的感覺，瓊斯實施了他的「機艙面試」。

1978 年元旦過後，每位候選人都被單獨召來與瓊斯相見，誰也不知道為了什麼原因而召見，每個人都得發誓保密。

到了 1979 年 1 月底，傑克‧威爾許也被瓊斯叫到了辦公室，然後關上門，開始「機艙面試」。威爾許被瓊斯召見時有些出乎意料。其他候選人被召去會見瓊斯，回來什麼都沒有透露過。所以威爾許感到有些忐忑不安，不知道會見是什麼目的。

「傑克，假設只有我與你在奇異的商務飛機上，但不幸的是，它要墜毀了。你認為，誰應該是下一任的董事長？」先前

被詢問的大多數候選人都認為只有自己是最適合擔任董事長的人，當然，也有人首先想到了要盡力保護董事長瓊斯的安全，傑克·威爾許也不例外，他做出了與他們相同的回答。

瓊斯似乎對這樣的回答並不滿意，他禮貌地解釋說，這不可能，因為他們兩人都必然死去。但是，威爾許堅持認為他能逃出那場劫難。瓊斯再次強調，兩個人都不幸蒙難，威爾許必須做出選擇。這次，威爾許力圖避免正面回答，他開始耍著小聰明繞圈子。他告訴瓊斯，自己對身為公司的繼任者充滿信心，他相信自己是最合適的公司領導者，如果不幸遇難了，那麼他實在找不出比自己更優秀且更適合的人來領導公司了。

可是，瓊斯最後一次提示他說：「你知道自己遇難了，可是公司還是得繼續運轉下去，你別告訴我，沒有了你，這個公司就不能繼續存在了，那麼，誰可以得到這個職位？」

最後，威爾許只得告訴瓊斯，在他之外，相對優秀的人選應該是掌管公司技術和服務部門的艾德·胡德，以及掌管能源部門的湯姆·范德史萊斯，他們都可以做副手。接著，瓊斯開始詢問起他對另外幾位候選人的意見，並把他們的優點和不足分列出來，主要包括智力、領導力、合作意識和公眾形象。瓊斯想盡力找定應該和誰共事，才最有利於公司發展。

瓊斯在後來的問題中做出了讓步，然後再次讓威爾許做出選擇。「傑克，如果飛機上只有一個降落傘，也就是說，在你我之間有一個人可以倖免遇難，你會選擇哪個呢？」

　　這可是個難題，比起先前的兩個人一起死去的問題更難以回答，威爾許考慮了半天，最後還是堅定地說：「董事長，那只有您去死了。」

　　瓊斯張大了嘴巴，吃驚地看著他：「為什麼？」

　　威爾許信心十足地說：「因為奇異公司需要我這樣年輕優秀的董事長。」

　　正如孩童時代那樣，傑克・威爾許對自己充滿必勝的信心。

　　瓊斯似乎有些興奮了，這就是他希望看到的傑克・威爾許，一個優秀的充滿自信的候選人。他由衷地說了聲：「你嚇到我了，傑克，好好活著吧。」

　　這樣的談話持續了好幾個月，瓊斯徵集到了所有候選人的意見。這些候選人為瓊斯列出了9種不同的領導人組合，可惜，沒有人將最高職位交給傑克・威爾許。其中，7組選擇了史坦・戈爾特，另外兩組選擇了艾德・胡德。

　　三個月後，瓊斯將8個候選人召集來繼續另一輪機艙面試。與前面的幾輪面試不同，這一次，每個人都預先得到通知，於是候選者們便帶了大量的筆記資料，這些都是能夠說明他們能力的證據。

　　這一次，瓊斯的提問也與上次略有不同。他告訴候選人，他們同在一架飛機上，飛機墜毀了，結果是瓊斯死了，候選人都活著，那麼誰可以勝任奇異公司的董事長。瓊斯特別要求候選人提出三個人的名字作為董事長的候選人，當然，候選人自

己也可以成為其中之一。有幾人沒有提出自己的名字。至於那些提出了自己名字的候選人，則要接著回答這樣的問題：奇異公司面臨的主要挑戰是什麼？你該怎樣應付這些挑戰？

現在，威爾許明確地表示，他相信自己會是下一任的董事長，因為自己有著較強的管理能力，因為自己的年輕和活力，也因為自己的自信。而且自己最希望和艾德·胡德和柏林蓋姆共事，因為他欣賞他們的智慧、分析問題的出色以及在面對問題時表現出來的臨危不亂。

在談話過程中，瓊斯臉上沒有任何贊同或是反對的表情。他從不給威爾許任何暗示，儘管他非常欣賞威爾許的才華與能力。

在威爾許看來，有時候瓊斯看上去高不可攀，從不顯露出任何的偏見或偏好。威爾許後來在自傳中表示，當時，他根本不知道瓊斯最終會選擇誰，瓊斯表現得好像一個英國政治家，讓威爾許覺得自己只不過是個無知的愛爾蘭人。

最終的結果是，經過兩次機艙面試之後，1978 年 8 月，瓊斯選擇威爾許為奇異公司的下一任董事長兼執行長。

1980 年 12 月 19 日，在奇異公司紐約辦公大樓 47 層的董事會會議室，雷吉·瓊斯當眾宣布傑克·威爾許正式成為該公司下一任 CEO，將於 1981 年 4 月接替他的職務。

頓時，傑克·威爾許覺得自己是全美國最幸運的人。這一天成為威爾許一生都難以忘記的日子。

第二章

新官上任三把火

　　在一切順利的情形中進行改革是一種明智之舉 —— 特別是當一家公司正處於盈利增幅較大的情況時，更應該要去振興它。

—— 傑克‧威爾許

奇異的危機

1981 年 4 月，就像一個最後時刻趕上公車的人，傑克・威爾許終於得到了奇異公司 CEO 的職位。

1980 年奇異公司的銷售額是 250 億美元，淨利潤 15 億美元。在財富 500 強中排名第 10 名，盈利排名第 9 名。傑克・威爾許從雷吉・瓊斯董事長手裡接掌過來的，並不是一個像其他企業一樣，問題多多的爛攤子，而是一個身強體健、營利良好的超級企業巨人。現象的背後，睿智的傑克・威爾許還是看到了現實。

什麼是現實？現實往往是殘酷的、痛苦的，現實往往是令人尷尬的，現實常常挫傷人的銳氣，因此很多人都逃避現實。然而，無論生活還是工作，不能面對現實就很難獲得成功。正視現實是領導者最基本的素養；但是，很多領導者不願意以事實為依據制定管理策略，他們不願面對現實，因而常常犯下愚蠢的錯誤。

傑克・威爾許接手奇異公司時，整個公司內外沒有一個人能看到現實，也沒有一個人能感覺到危機的到來，無論是資產規模還是股票市值，奇異公司都是美國排名前十位的大公司，它是美國人心目中的偶像。

可是，威爾許卻憂心忡忡，他認知到這樣一個現實：1980 年代初，美國經濟發展遲緩，正處於衰退的邊緣，通貨膨脹嚴重；而日本得益於良好的技術優勢，大肆衝擊著美國的經濟。

雖然條件已經惡化，但大多數企業領導者都沒有看到建立新組織和管理模式的必要性和緊迫性。

而對於當時的奇異公司，威爾許也有著清楚地認知：在一個權力分散的組織中，別人看到了美德，而他看到了混亂；在公司的官僚機構中，別人看到了秩序，而他看到了僵化；別人相信那種一層又一層的管理結構形成了最完善的指揮系統，但他卻認為那是領導人白白浪費了寶貴的時間，徒勞而無功。

威爾許坦言：「在我成為 CEO 的時候，我繼承了奇異公司很多偉大的東西，但直面現實卻不是這個公司的強項。它『陽奉陰違』的傳統使公司內部極難做到坦誠相待。……奇異公司的文化是在一個與現在非常不同的時代中形成的，在那個時代，命令與控制的組織結構大行其道。我對公司總部的職員有一種很強烈的成見。我感覺到他們『陽奉陰違』的處世哲學：表面上他們表示贊同，也表現得很愉快，然而在自己的內心中卻充滿了不信任，甚至是激烈的批評。這種狀況非常典型地反映了官僚主義者的行為方式：面對你時笑臉相迎，背後卻總要千方百計找你的『不是』。」

面對現實，威爾許堅定果敢地行動起來，精簡機構、裁減冗員、在潮流盛行之前堅決放棄前景不佳的企業和行業，與官僚主義做鬥爭，威爾許顯示的是激情、自信和勇氣。

挑戰現實、戰勝現實，威爾許全力以赴地推動著奇異的改革，充分發揮基層員工和管理人員的作用、建立學習文化、打

破企業邊界、六標準差品質管理，威爾許展現在世人眼前的，是他的智慧和力量。

可以說，威爾許的領導藝術就建立在這樣一個重要的基礎之上——坦然面對現實，從不逃避現實。威爾許認為他之所以能夠成為奇異最成功的領導者之一，在於他能夠認清奇異的歷史、環境、產品、市場、競爭等現實狀況。他說：

「其實管理和領導的藝術很簡單，就是面對並看清現實——關於人、形勢、產品的現實，然後根據現實果斷地採取行動。在情況不樂觀的時候，不要假裝什麼事情都沒有，也不要認為時間會治療一切，凡事總會好轉，將頭埋在沙中，是解決不了問題的。」

在威爾許掌理奇異公司 20 年的時間裡，面對現實是他所堅持的理念之一，更是他領導藝術的核心原則。

威爾許要求奇異公司的員工不能背棄事物的本質去看待它。必須客觀地檢視，而不是帶著自己主觀的希望和要求去審視它。威爾許認為，這是一種必須遵循的價值觀念，而堅持這種價值觀念，會創造一個朝氣蓬勃、適應能力強的公司。

威爾許告誡他的員工說：「不要玩數字遊戲，只要強調現在處境的狀況。我們的前提是去面對現實，了解我們所擁有的是一個困難重重的商業環境。我們可以接受好消息，也可以接受壞消息。我們都是一些大人物，都是被賦予高薪的，因此不要閉門造車。」

可笑的官僚主義

傑克·威爾許如此痛恨並描述「官僚主義」：

我們培養對官僚的仇恨，而且我們在使用「仇恨」這個可怕的詞語時從沒有過片刻的猶豫。官僚必須受到嘲弄，必須剷除……我們的每一天都是一場戰鬥，我們要摧毀官僚機構，使我們的機構保持公開、通暢和自由。即使官僚作風在奇異公司內已經基本上被清除乾淨了，我們也應該保持警惕 —— 甚至應該保持一種多疑症的態度 —— 因為官僚傾向是人性的一部分，是難以抗拒的，一眨眼的工夫，它就會回到你的身邊。官僚使人感到壓抑，使人顛倒主次輕重，限制人們的夢想，使整個企業面向內部。

在一個數位化的世界裡，公司的內部運作情況應該是對世人公開的，這樣官僚的本來面目才會昭然於天下：那就是遲緩、自我陶醉、對客戶反應遲鈍 —— 甚至是愚蠢。

奇異公司的官僚體制一直是威爾許所關注的，威爾許早就痛切地感受到官僚主義已滲透了整個奇異公司，太多的管理層已經將它變成了一個正規而又龐大的官僚機構。在以前任部門總經理時，他也曾嘗試著改革自己那一方天地的人事制度，使「能者上，庸者下」，堅決拿掉那些只知道領取薪資報酬而又對公司無所奉獻的人員，這一點，威爾許是毫不含糊的。

現在，當威爾許站在奇異公司總部最高處的時候，他面對

的是更加龐大的、互相糾纏的官僚體制。到 1981 年底，奇異公司內部已經擁有了臃腫的管理層級，各種經理就有 2.5 萬多名，從工廠到威爾許的辦公室之間竟有 12 個層級之多，並且有 130 多名高層管理人員，諸如副總裁或副總裁以上頭銜之類。

　　每年 7 月分，是奇異固定召開企劃會議的時間，會議的主要內容就是分析那些厚厚的企劃書。企劃書裡羅列著對銷售、利潤、資本支出的詳細預測，以及其他無數的有關未來 5 年發展的數字。有趣的是，有關人員還會替這些企劃書分類和排序，甚至對企劃書的封面進行評分。

　　對於主管們來說，掌握這些繁文縟節已成為晉升的必要條件。結果，許多奇異的優秀幹部把大部分的精力用來應付內部的瑣事，而不去關注顧客的真正需求。如同許多奇異的員工所言，大家的做法是總裁為先、顧客其次。

　　在傑克‧威爾許眼裡，這些工作都是毫無意義的形式主義。人們將太多的時間浪費在編制企劃書、審查企劃書和執行企劃書上，使公司上下失去自由、靈活、流暢的溝通。公司裡的人每天都在忙碌著，但是，相當多的人都是在重複著同樣的工作，其中真正有價值的事情並不多。

　　傑克‧威爾許看到，官僚習氣已經嚴重影響到了奇異公司的發展。公司高度發展的官僚體制已經成為公司收益及利潤難以提高的主要障礙。

　　「官僚主義」者的特性表現在「擺架子」、「推託責任」、

「拖延」等等，他們不太喜歡身體力行、深入基層、認真調查研究，「官僚主義」存在的地方，效率低下，資訊不通，決策不下，政策不達，整體沒有活力。

「官僚主義」就像病毒，會讓一個龐大的肌體產生「血管、心氣阻滯」甚至「癌症」等各種病徵，那就將是不治的頑疾！

任何一家想快速進步的公司，不應該給自己任何理由，必須杜絕「官僚主義」，因為「官僚主義」是一名真正出色的企業家的大忌！

傑克·威爾許下決心一定要粉碎困擾奇異的官僚主義，讓公司脫離官僚主義的奇怪現象。這是傑克·威爾許上任後做的第一件重要的事情。因為威爾許看到，官僚制度減緩奇異的收益成長，下降的生產力則阻礙了奇異的利潤成長。「如果公司再這樣持續下去，遲早會垮臺。」

1985 年，傑克·威爾許採用了經濟學者熊彼得的「創造性破壞」理念，將奇異公司原有的組織層級裁撤到 5 至 6 個，將公司結構從金字塔型變成了扁平化結構。

其實，改變陳規陋習和破除官僚作風的改革並沒有難倒傑克·威爾許，他先在研究和發明部門著手，他知道，這個部門的興衰決定著整個公司的命運。

研究和發明方面的負責人阿爾特·布埃切（Art Bueche）在任職還不到兩個月的時候，就被傑克·威爾許毅然換掉了，原因是他在任職期間並沒有做出任何一件能為公司帶來效益或令

人鼓掌叫好的事，他遞交給威爾許的企劃書裡，很多銷售、利潤、資金和未來發展的資料都有弄虛作假的成分。

實際上，阿爾特‧布埃切的行為是奇異公司內部許多主管的典型代表，他並不是一個獨特的案例，他的行為代表了公司中大多數中層人物的普遍行為。這些奇異公司的中層人物很願意拿數字來討好上級，他們總是把企劃書整齊地分類，排序，然後設計個漂亮封面，又編造些虛假的資料填上去，以求得上級主管對他麾下部門的好感。

傑克‧威爾許早已經意識到了各部門間的數字都是虛假的，根本就不能反映真實的情況，他們不是考慮如何解決問題，而是考慮如何掩蓋問題。所以，威爾許毫不猶豫地撤掉了阿爾特，上任後拿他開了第一刀，希望別人都能引以為戒。

另外，威爾許還廢除了冗長的簽名制度。他認為，公司的管理人員太多了，一層接一層的管理，壓得讓人幾乎喘不過氣來，其實很多都是完全沒有必要的。好像穿毛衣一樣，它們都是隔離層，當你外出時穿了至少四件毛衣的時候，你就很難感受到外面的天氣了。

威爾許還看到，奇異的資本撥款審批程序中，竟然需要 17 道手續，為了購買諸如 50 萬美元的東西，人們會把一大包書面資料堆到他的辦公室，必須經他簽名才能實施。儘管在他簽名之前已經有 16 個人簽過名表示同意了，威爾許還需要最後簽名批准。威爾許很快廢除了這項繁瑣的審批制度。

他解釋說，假如只有傑克‧威爾許的簽名才有效力，那麼前面還有必要讓那麼多的人簽名嗎？假如前面的人簽名就有效了，那麼為什麼還要他簽名呢？因此，「我多簽這一個名字又有什麼用呢？」

後來，他把很多權力都下放給各個負責人執行，只要不是特別需要威爾許自己辦的事，執行官或經理們儘管辦好了。冗員減少了，效率提高了，公司有了長足的發展，這些都是傑克‧威爾許內部改革的功勞和成績。

中子彈傑克

在 1980 年代之前，傳統商業理論認為，只有當企業面臨重大的危機時，才可以把精簡機構和裁員當作化解的手段。因此，當人們一提到精簡時，往往預示著一家企業正在走向衰敗。或者更糟糕的是，這家企業在逃避自身的社會責任。

我們在上文已經說過，1981 年，在傑克‧威爾許準備對奇異公司進行大刀闊斧的改革時，奇異的經營狀況並不差，它的盈利額高達 15 億美元，並且沒有絲毫陷入困境的跡象。

可在傑克‧威爾許看來，新的時代要求奇異公司健康而敏捷，積極而具有競爭力。為了達到這個目的，必須對其進行「瘦身」手術——精簡機構、大舉裁員。這使得成千上萬的奇異員工失去了工作，也使傑克‧威爾許成為全美最具爭議的 CEO。

　　這是一場艱苦異常的變革，而且可以說是傑克‧威爾許一個人的戰鬥。在當時，沒有一個 CEO 敢在公司出現危機之前，對公司進行外科手術般的瘦身。傑克‧威爾許的膽識由此可見一斑。

　　為了給奇異「瘦身」，威爾許廢除了許多不需要的機構，將大量管理人員「閒」起來。他的目標非常明確，就是針對那些雖然整天忙忙碌碌地生產，而且業務暫時也有盈利的企業，若不採取改革措施終有一天會陷入困境的企業預先進行整頓、出售或者關閉。雖然人們在理智上可以理解傑克‧威爾許的做法，然而，變革措施一旦付諸實施，各種感情上的原因卻使他們的行動面臨困難。傑克‧威爾許花費了極大的精力與員工們溝通。

　　通常情況下，變革都是始於底層，而傑克‧威爾許卻反其道從頂層開始，他透過精簡機構、裁減業務總經理、部門經理和員工來使奇異公司更加簡練、強壯和富有競爭力。事實也的確如威爾許所願，奇異公司透過威爾許的「瘦身」療法，重新煥發了生機，大大增強了市場競爭能力。

　　「能夠帶領奇異公司邁入 21 世紀的事業，才是我們真正應該大力培養的事業。這些事業就在圈內。至於那些圈外的事業，我想，我們最好不要再耗費精力了。我們不是拋棄員工，我們是拋棄那些業務職位，因此職位上的員工只能走開。」

　　威爾許認為：向工人們提供固定的工作是一種失敗的經營策略。奇異的主要競爭對手來自外國公司，它們的工作勞動效率要高得多，為了與之匹敵，進而超越它們，奇異就需要靠提

高設備等級和裁員，來使自己的企業合理化。威爾許將「適者生存」的法則運用到他的經營之中：在奇異，每一個部門和員工都是因為需要才得已生存，否則將被完全淘汰。威爾許在一次對股東的演講中指出：「這個管理體系的設計與規畫，最適合用於一個擁有 30 萬名員工左右的公司。」在短短的兩年時間裡，威爾許將奇異員工的總人數從 41 萬餘人削減至 22.9 萬人。

　　威爾許的努力最初遭受的是強烈的反對，有媒體甚至戲稱他為「中子彈傑克」（Neutron Jack）——中子彈的特點是可以清除建築物裡的人，而建築物卻完好無損。媒體利用這個稱號把傑克‧威爾許形容成一個冷酷無情、邪惡殘酷的獨裁者，一個只在乎盈利而不在意員工利益的 CEO。

　　1984 年秋天，《財富》雜誌評出「美國十大最強硬的老闆」，傑克‧威爾許被列在了首位。

　　對於媒體的諷刺，威爾許是極為痛苦的，他說：「我想這是非常刺耳的詞，彷彿我有多卑劣。他們把我叫做『中子彈傑克』，無非是我解僱了員工，儘管我給他們這輩子最好的報酬。」

　　雖然感到委屈，可在巨人的壓力面前，傑克‧威爾許的變革之心絲毫不為所動，因為他知道，要想根本扭轉局面使奇異公司成為全球最具競爭力的企業，被誤解、被諷刺甚至被謾罵都是不可避免的，這種付出是必須的。只有大規模的手術才能保證奇異公司長期的成功與發展。

透過對奇異公司進行大規模的「瘦身」手術，傑克‧威爾許使公司變得更精煉、更敏捷，僅需要最少量的管理便能夠正常運作。威爾許認為，這一精簡的效果是十分正面的：「我們的員工必須學會分清事情的輕重緩急，對於那些毫無意義的任務，儘管放到一邊去好啦。精簡的目的，不是說要讓更少的員工去完成同樣繁重的任務，相反，我們希望透過精簡，公司能夠做到：行動更敏捷、更迅速、更集中、更有的放矢！」

做不到「數一數二」，就只能被無情淘汰

熟悉公司經營的人都知道，公司經營策略思想猶如一個人的生活目的。人有了明確的目的，立身處世才會有動力和幹勁；同樣的道理，公司的經營策略，可以成為員工更高層次的追求，因而也會產生同樣的力量。這種設想描繪了公司未來的遠景規畫和員工們奮鬥的藍圖。公司經營策略目標的制定，對激勵、動員、團結和鞭策員工的積極主動性有重要的作用。因此，制定積極進取的創新經營策略是傑克‧威爾許首先要解決的大問題。

傑克‧威爾許所接手的奇異公司是以電器和電子製造業為主，作為公司業務的主要構成部分，製造業占據奇異收入的80%，而1981年，製造業為公司贏得的收入僅為三分之一。

為了確保奇異擁有合理的業務結構，1981年12月8日，

在紐約皮埃爾大酒店的經濟界代表會議上，傑克‧威爾許提出了在 1980 年代指引奇異公司前進和調整企業多種計畫和策略的核心理念 ——「數一數二，否則整頓、關閉、出售」。

在這次會議上，傑克‧威爾許描繪了未來商戰的贏家：他們能夠洞察到那些真正有前途的行業，並向它們優先投資，且堅持要自己在進入的每一個行業裡做到數一數二的位置，無論是在提高效率，還是成本控制、全球化經營等方面，都要做到數一數二。

傑克‧威爾許還警告說，1980 年代的這些公司和管理如果不能努力做到數一數二，那麼，不管是出於什麼原因，都只能在不久以後的激烈競爭中被無情地淘汰掉。

具有諷刺意味的是，參加這次會議的經濟分析家們未能理解這些，他們想聽的只是奇異當年的財務狀況以及取得了哪些成就。可以說這又是一個傑克‧威爾許的策略或目標遭到嘲笑的典型案例，而在後來，它得到了應有的讚許。

傑克‧威爾許提出「數一數二」的理念並不是完全的憑空想像，也不是一時的心血來潮，而是有著其深刻的時代背景。

1980 年代，由於美國政府的高利率以及財政赤字政策，世界範圍內經濟的成長放慢。在這樣的環境中不難預見，隨著技術的加速進步，市場的急劇變化，競爭將更加嚴峻。勝利或者失敗只是轉眼之間的事。對企業來說，實力不完善，就沒有機會生存下去。

奇異公司作為一個多元化的企業，很難適用一個統一的策略，但是，必須成為第一或者第二，這樣的目標就非常簡單明瞭，易於接受，很容易就貫徹到全公司。

傑克・威爾許一個重要的人生理念就是要做就做到最好，在個人生活中是這樣，在企業經營上也是這樣。他認為，如果不能在自己的領域內獲得數一數二的位置，那還不如放手。他說：「當你是第四或第五的時候，老大打一個噴嚏，你就會染上肺炎。當你是老大的時候，你就能掌握自己的命運，排在後面的公司在困難時期將不得不被兼併重組。」

「數一數二」是傑克・威爾許自己在思考公司的發展道路時提出來的一個全新概念，以前根本就沒有任何人談論過，它的要領是：透過收購、放棄和合作等方式，使奇異公司從事的每一項業務都成為市場的領先者。具體做法是對某個行業數一數二的公司進行收購或和它合作；對於公司內部無法成為某個行業數一數二的公司，就毫不客氣地賣掉，不管它是盈利還是虧損。這種高標準的要求確實令人吃驚，但傑克・威爾許正是這麼做。

「數一數二」是傑克・威爾許的管理生涯中最著名的策略之一，正是由於傑克・威爾許堅持「數一數二」，並堅決的付諸實踐，奇異公司才能在他的率領下取得巨大成就。至今，該策略仍然是奇異公司開拓業務的重要思想，它仍在奇異公司的決策中發揮著作用。

三個圓圈，確立奇異的經營核心

　　傑克·威爾許接管奇異時，奇異是一個多元化經營的大型企業，擁有 350 個業務部門，分散於 43 個策略單位中。幾乎沒有一個美國公司能夠擁有和支撐如此龐大的業務組合。

　　多元化的特點有其優越性，它保護了奇異免於經濟衰退的侵害。雖然歷經數個經濟蕭條期，但奇異仍創下了 26 個季度持續盈餘的良好紀錄。但是，如此多元的發展，要讓每個領域都表現出色，並不是一件容易的事情。

　　而且，奇異似乎一直很難讓人聚焦，因為它生產的東西太多了。從核子反應器、微波爐，到機器人、晶片，無所不有，另外還有澳洲的煉焦煤與計時服務，以至於人們搞不清奇異在生產什麼，也不知道它未來將有什麼表現。因此，很多人將奇異稱為一個「聯合大企業」。

　　傑克·威爾許非常不喜歡這個稱呼，每當聽見別人將奇異稱為「聯合大企業」時，他就會勃然大怒。他覺得將奇異稱為「聯合大企業」是不公平的，這有點像「大雜燴」的味道。因為奇異公司畢竟不是一個公司的簡單集合。傑克·威爾許更喜歡把奇異稱為「多種經營企業」。雖然只有幾個字的差別，但卻代表著理念的不同。不過，現實卻是殘酷的，傑克·威爾許接任時，奇異公司的 350 個業務部門有很多處於慘澹經營的狀態。

　　面對並不明顯的慘澹現實，傑克·威爾許決定向華爾街傳達

一個新的資訊：奇異公司並不是一堆亂糟糟毫無關聯的企業組合，它有自己的主要目標和發展重點，如果他能迅速將自己的「數一數二」的策略付諸實現，奇異公司將會在實現自己的目標上取得重大進展，成為世界上最富有競爭力的企業。

那麼，應該如何實現自己的策略、確立公司的經營核心呢？當被問及這個問題時，傑克・威爾許拿起鉛筆和紙畫了三個圈，第一個圈代表奇異的核心業務，主要是指製造業，包括建築設備、照明裝置、大型家用電器、引擎、渦輪、運輸以及履帶機設備；第二個圈代表奇異的高科技產業，包括航空器、航空引擎、工業電子產品、塑膠與工程材料以及醫療器械；第三個圈代表奇異的服務業務，包括建築、金融業、資訊業以及核能服務。

「這些就是我們的確想發展的業務，也是將把我們帶入21世紀的業務，它們都在圈子裡，圈子外的業務是我們不準備發展的。」

那些被摒棄在圈子外的業務部門是：家庭用品、中央空調、電視機、音響、汽車、動力傳輸機以及廣播電臺等。統計下來，有1/5的業務部門被摒棄在圈子之外。

傑克・威爾許認為，1980年代美國企業的最大敵人是通貨膨脹，這會導致全球的經濟成長率降低，並意味著：「一些只能提供中下等級產品或服務的公司將越來越沒有生存的空間。在經濟低成長的環境中，勝利者將是這樣的公司：它們能辨認出

哪些產業在未來會有真正的發展，並堅信所投入的每項業務都能保持第一名或第二名的優勢。這些公司將以精簡的人事、低下的生產及經銷成本、高品質的產品及服務、技術創新和全球行銷觀念作為它們勝利的根基。」

傑克‧威爾許的視野變得越來越清晰、越來越集中了。任何想知道奇異是哪種公司的人，只要看看那些圈子就行，圈子裡的事業都將得到公司的重點扶植，圈子外的卻不能。傑克‧威爾許堅信，進入三個圈子的業務部門，必將為奇異帶來最大的盈利。後來，事情的發展也的確如此，在 1994 年，奇異公司90％的利潤都來自那些圈子內的事業。

至於圈子外的事業，傑克‧威爾許也不是完全不管不顧，事實上，傑克‧威爾許早就喊出了一個口號：重整、關閉或出售，傑克‧威爾許確認，如果圈子外的業務部門能夠被重整，那麼他會重新把它放入圈子裡去。

當然，對於員工們來說，如果自己所在的業務部門被劃到傑克‧威爾許的三個圈子裡，自然是非常感到安全和高興的事，這甚至會讓他們產生一種自豪感。不過，對於那些沒有被劃到三個圈子裡的業務部門的員工來說，就難免會有些不良的情緒，尤其是當他們所在的部門曾經是奇異的核心部門時，如中央空調、家用電器、電視機、汽車等。不過，這也是改革中無法避免的事情，傑克‧威爾許能做的就是盡量安撫他們，並有意無意地向他們傳達這樣一個資訊：「我把你們劃在圈子外面是為

了鼓勵你們努力奮鬥，好打進圈子裡面來。」

這三個圈子是傑克‧威爾許帶領奇異公司走過 1980 年代的基本經營理念。他利用這個理念理清了別人對奇異的看法，自此，奇異不再是一個龐雜無序的「聯合大企業」。

那麼，一項業務究竟是擺在圓圈內還是圓圈外，傑克‧威爾許是如何決定的呢？是憑直覺還是另有別的標準？

對此，傑克‧威爾許給出的答案是：

放眼競爭激烈的商場，這項業務該擺放在何處？在面對競爭時，它的優勢在哪裡？劣勢又是什麼？先不論頭一兩年的努力將如何消耗我們的精力，先想想激烈的競爭會帶來什麼？我們該如何做才能改變商場的形勢？」

你將全球競爭的形勢鋪展於前，分析市場的大小、對手的人數及可能的全球占有率，然後你便能對市場有概略的了解。接著你再詢問某人，在過去兩年中，你做了些什麼以改善自己在全球市場的地位？你的對手如何以其優勢改變你所處的地位？你如何回應？在未來兩年內，你會採取哪些行動來加強自己的優勢？在激烈的商場競爭中，令你最怕的改變又是什麼？這些就是你必須考慮的因素。假使你玩的是一場容易輸的遊戲，別人便會前進，並很快地將你擊倒。這時你不必靜待死亡或做困獸之鬥，你所做的只是跳出來。

群策群力，讓工廠轉虧為盈

1988 年，傑克·威爾許和公司管理發展學院院長鮑曼乘直升機去公司總部。途中，傑克·威爾許要求鮑曼設計一套改進公司各部門工作效率的方法，一週後，鮑曼提出了在公司全面開展「群策群力」的規畫。

事實上，「群策群力」是一個非常簡單、直接的過程：幾個跨職能或級別的經理和員工組成小組，提出企業中存在的嚴重問題，然後逐步提出建議，並在最後的決策會議上把這些建議交給高級主管。在開場白之後，主管當場對那些建議做出「可以」或「不可以」的決策，並授權給提出建議的人，讓他們實施那些被批准的建議。之後，定期檢查實施進度，以保證確實能夠得到結果。

「群策群力」計畫有四個主要的目標：

1. 建立信賴：每個階層的奇異員工都發現，他們可以坦率直言，而不必擔心會傷害到自己的事業前途。

2. 賦予員工權利：接觸實際工作的人，通常比其頂頭上司知道得更多。為了擷取這些員工的知識和情感力量，應該賦予他們更多的權利。反過來，他們也應承擔更多的責任。

3. 消除不必要的工作：要求更高的生產力只是推動這個目標的理由之一，另一個原因是要緩解奇異員工過度的負荷。

4. 為奇異創造出一個無組織界線的新典範：傑克‧威爾許認為這個計畫的最終目標是能夠定義和培育出不分彼此的新組織。

　　大體說來，「群策群力」給奇異帶來的收益主要有三方面：生產效率提高、不必要的工作被摒棄、員工感到自由和滿意。

　　最能展現「群策群力」作用的例子是「博克」牌洗衣機的誕生。在奇異的家電部有一個專門生產洗衣機的工廠。從 1956 年建廠以來的 30 多年間，經營得非常不好，生產出來的老式產品賣不出去，1992 年損失了 4,700 萬美元，1993 年上半年又損失了 400 萬美元。1993 年秋，公司決定賣掉這家工廠。這時候，一個名叫博克的公司副總裁站了出來說：「這麼多工人怎麼辦？請給我這個機會，我一定要想辦法使公司轉危為安。」博克首先召集了 20 個人，採用群策群力的方法，用 20 天時間向總部提交了一份改革報告，傑克‧威爾許支持這個建議，馬上批 7,000 萬美元對企業進行技術改造。結果，這家工廠很快就轉虧為盈了。

　　對於群策群力產生的影響，奇異財務總監丹尼斯‧戴默曼（Dennis Dammerman）說：「在奇異歷史上，只有發明者而非工作者被奉為英雄。但在今天，你不僅可以靠發明，而且可以透過想出一好主意並在你的部門中應用而成為英雄。」

　　幫助奇異進行「軟體革命」的顧問萊恩‧施萊辛格說：「群策群力是試圖改造人們行為的最大計畫之一。」

　　諾爾‧提區（Noel Tichy）則在《奇異傳奇：傑克‧威爾許如何扭轉奇異命運的管理藝術》（*Control Your Destiny or Someone Else Will: How Jack Welch Created $400 Billion of Value By Transforming GE*）一書中做出這樣的評價：「我曾計算過世界上最好和最大的公司，沒有任何一家規模和奇異相當的公司能同時容納這麼多在心智上自由但是如此同心的人。」

　　有人甚至預言：「群策群力將成為美國企業史中最具特色的活動。」

　　的確，正是這種深入骨髓的對坦白、平等、自由溝通的渴望，對官僚主義的深惡痛絕，成就了傑克‧威爾許直接發動了驚撼全美乃至世界的企業文化革命。傑克‧威爾許說：「除非每個人都能接受我們所要做的事，否則就等於一事無成。群策群力這條路，我們走對了。」

　　然而，這樣一個收益巨大的簡單過程為什麼要到 1988 年才開始真正實行呢？

　　這裡有一個策略問題。傑克‧威爾許等待了難熬的 7 年之後才發動這場向員工授權的行動，是因為他清楚，如果過早地開始這一大規模的行動，勢必鑄成大錯——只要奇異還在裁員或進行業務重組，員工就會一直為自己的未來和命運擔心，那時候很難得到員工的合作。面臨著公司的變革和動盪，希望終日惴惴不安的員工能夠參與公司決策並提高生產效率，這幾乎是不可能的。

　　起初，群策群力的重點是讓盡可能多的員工了解這項計畫，而不是提高群策群力的技巧。在計畫的起初，會議是無主題的，鼓勵與會者提出任何話題。後期，當大家對群策群力不再懷疑和坦然接受的時候，奇異開始確定了討論主題，比如削減成本、引進新技術等等。

　　1997 年，傑克‧威爾許說：「一個領導者最應該去做的事情是尋找、珍惜和培育每一個人的呼聲和尊嚴，這才是最終的關鍵因素。透過你，員工的聲音、尊嚴、動機和其他一些東西得以介入，豐富他們自己，表達自己的想法，同時在企業內部形成一個坦然接受建議的氛圍，那麼一切都會變得更好。」

　　1998 年春天，奇異的員工幾乎都有機會在群策群力發表自己的看法。如今，群策群力已經成為奇異建設企業文化的重要組成部分。

併購美國無線電公司

　　傑克‧威爾許領導奇異在 1980 年代的一系列大舉動中，以 1985 年併購美國無線電公司的行為最引人矚目，它是傑克‧威爾許的一個得意之作，並且創造了商業歷史上石油工業外規模最大的併購案例。

　　之所以會選擇併購，傑克‧威爾許的目標絕不僅是讓奇異變得更大，他的目標是讓奇異獲得最大、最迅速的擴張，並因此帶來利潤的增加，使奇異實現品質的快速發展。併購那些可以促進

奇異收入成長的業務是傑克·威爾許經營文化的一個最大特點。

1980年代中期，傑克·威爾許開始把目光投向了美國的廣播電視行業，這一行業受到政府的保護，而且現金流非常之大，有助於加強和擴展奇異的業務。考克斯廣播公司（Cox Communications）率先進入傑克·威爾許的目標範圍，但是由於種種原因，這次併購未能成功。

1985年春天，時代華納正在努力進行對哥倫比亞廣播公司（CBS）的收購。CBS董事長湯姆·懷曼（Tom Wyman）準備讓奇異參與進來。不過由於後來懷曼擊敗了時代華納的威脅，奇異對CBS的收購也就不了了之。

但這一動向並未逃過華爾街的眼睛。在併購專家菲利克斯·羅哈金的介紹與撮合下，傑克·威爾許結識了美國無線電公司（RCA Corporation）董事長索恩頓·布萊德。和傑克·威爾許一樣，布萊德對來自亞洲的競爭也很憂慮。他也力圖成為行業中數一數二的角色。因此，布萊德此時也正考慮美國無線電公司的策略選擇問題。

雖然這兩個人第一次會見只有短短的一小時，而且雙方誰也沒提及具體的交易問題，但兩人早已是心知肚明。會談之後，傑克·威爾許心裡明白，他買定了美國無線電公司。

與奇異一樣，美國無線電公司也是美國最著名的企業之一。這家公司在國防電子、民用電子和衛星設備等方面都有所涉及。

在傑克·威爾許採取行動之前，美國三大電視網似乎是遙不

可及的。大多數人都認為，它們的領導者不可能把這樣高盈利的「搖錢樹」拱手相讓。

但傑克‧威爾許可不這麼想。1984 年，傑克‧威爾許開始考慮奇異與美國無線電公司合併的計畫。奇異在 1984 年的銷售額是 279 億美元，而美國無線電公司則有 100 億美元。如果兩者合併，它們將形成一個在《財富》500 強中排名第 7 的超級企業。

傑克‧威爾許相信，與美國無線電公司的合併將促進奇異在服務和科技領域的擴張，減少對成長緩慢的製造業的依賴。

1985 年 12 月，傑克‧威爾許正式宣布併購美國無線電公司，這是傑克‧威爾許最為大膽的行動。奇異公司和美國無線電公司達成協議，奇異將以 62.8 億美元，也就是以每股 66.5 美元的價格收購美國無線電公司。考慮到華爾街的股票分析師為美國無線電公司開出的價格是每股 90 美元，奇異顯然是賺了。

當時，奇異公司排名全美第 9 大公司，美國無線電公司則排名美國服務業第 2。合併之後，新公司的銷售額達到 400 億美元，在《財富》500 強排行榜上名列第 7，落後於 IBM 公司，但超過杜邦公司。傑克‧威爾許說：「這將是一個可以撼動全球市場的企業。」

傑克‧威爾許對於這筆交易相當得意。在交易成功當晚的慶祝儀式上，他回憶起與布萊德第一次接觸以來的 36 個日夜，不

禁心潮澎湃。後來，傑克‧威爾許在自傳中這樣寫道：多麼美好的夜晚！

我們打開香檳，盡情地歡笑、擁抱。我們所有人 —— 拉里‧博西迪（Larry Bossidy）、邁克‧卡彭特、丹尼斯‧戴默曼，還有其他人 —— 都一下子變成了孩子。我永遠也忘不了那一幕。我們望著窗外，夜霧籠罩之下，安裝在洛克斐勒中心大廈上的 RCA 霓虹標誌清晰可見，我心裡感到一股力量在湧動。洛克斐勒中心與我們只隔著三個街區，我們幾乎迫不及待地要把奇異的標誌樹立在那兒。那一刻，我們覺得自己是非常了不起的人。

興奮之餘，傑克‧威爾許這樣評價說：「這樁併購案的大成功似乎預示著一個好兆頭……我們所實現的，是兩個真正的高科技公司的強強聯手，我們將因此取得更好的盈利，實現更遠大的目標。」

併購美國無線電公司的大成功，使傑克‧威爾許完成了對奇異的第一次大幅變革，從此，奇異成為了一家全新的公司。

傑克‧威爾許對新公司的前景非常樂觀，他堅信，收購美國無線電公司將極大地促進奇異進軍服務業和高科技行業，從而減少公司對緩慢成長的製造業的過多依賴。傑克‧威爾許雄心勃勃地向世人宣稱：「我們在所涉足的各個市場上，將具有與來自任何國家的任何企業競爭的技術實力、財務資源以及國際市場的大舞臺。」

三大變革，打造優良的奇異文化

1990 年代初，經過 10 年的改革和調整，傑克・威爾許已經完成他的「硬體革命」，他上臺之初所提出的策略目標也已經基本上實現。因此，傑克・威爾許便把主要注意力轉向如何鞏固和強化奇異公司持續發展的方面。

為了使企業能更具競爭力、能更好地溝通，在「硬體」上，傑克・威爾許大力裁減規模，進而構建扁平化結構、重組奇異公司；在「軟體」上，則盡力試圖改變整個企業的文化，因為他看到了：「如果你想讓列車再快 10 公里，只需要加一加馬力；若想使車速增加一倍，你就必須要更換鐵軌了。資產重組可以一時提高公司的生產力，但若沒有文化上的改變，就無法維持高成長。」

◆ 變革文化之一：減少工作，做真正該做的事

傑克・威爾許在談到企業領導者的「忙碌」與「閒適」時說：「有人告訴我他一週工作 90 個小時，我會說：『你完全錯了。寫下 20 件每週讓你忙碌 90 個小時的工作，仔細審視後，你將會發現其中至少有 10 項工作是沒有意義的 —— 或是可以請人代勞的。』」

傑克・威爾許認為，「勤奮」對於成功是必要的，但它只有在「做正確的事」與「必須親自操作」時才有正面意義。那麼抽出時間與精力後我們該做什麼呢？傑克・威爾許的選擇是

尋找合適的經理人員並激發他們的工作動機。

「有想法的人就是英雄。我主要的工作就是去發掘出一些很棒的想法，擴張它們，並且以光速般的速度將它們擴展到每一個角落。我堅信自己的工作是一手拿著水管，一手拿著化學肥料，讓所有的事情變得枝繁葉茂。」

傑克·威爾許雖然只是在說他自己，但這也應該是企業各個層級、部門努力的方向。只有想明白自己最該做什麼，才能提高自己的辦事效率；也只有放開那些本不需要自己操心的工作，才能調動別人的工作熱情，從而改善整個企業的運轉效能。

♦ 變革文化之二：不斷超越自我

傑克·威爾許提出了一個「擴展」的概念。它的內涵是不斷向員工提出似乎過高的要求。「擴展」的意念為：當我們想要達成這些看似不可能的目標時，自己就往往就會使出渾身解數，展現出一些非凡的能力；而且，即使到最後我們仍然沒有成功，我們的表現也會比過去更加出色。

在奇異公司，擴展性目標只是一種激勵的手段，而並非考核的標準，傑克·威爾許說：「年終時，我們所衡量的並非是否實現了目標，而是與前一年的成績相比，在排除環境變因的情況下是否有顯著的成長與進步。當員工遭受挫折時，我會以正面的酬賞來鼓舞他們，因為他們至少已經開始改變。若是因為失敗而受到處罰，大家就不敢輕舉妄動了。」

◆ 變革文化之三：更精簡、更迅捷、更自信

　　「精簡、迅捷、自信」在傑克‧威爾許眼中是現代企業走向成功的三個必備條件。

　　一是精簡，精簡的內涵首先是內心思維的集中。傑克‧威爾許要求所有經理人員必須用書面形式回答他設定的 5 個策略性問題。這些問題主要涉及企業的過去、現在、和未來，以及對手的過去、現在和未來。我們不難理解這樣做的好處：扼要的問題使你明白自己真正該花時間去思考的到底是什麼，而書面的形式則強迫你必須把自己的思緒整理得更清晰、更有條理。

　　二是迅捷，傑克‧威爾許堅稱：只有速度足夠的企業才能繼續生存下去。他認為，世界正變得越來越不可預測，而唯一可以肯定的就是，我們必須先發制人來適應環境的變化。同時，新產品的開發速度也必須加快，因為現在市場變化的速度不斷加快、產品的生命週期在不斷縮短。

　　而「精簡」的目的，正是為了更好地實現「迅捷」。簡明的資訊流傳得更快，精巧的設計更易進入市場，而扁平的組織則利於更果斷地決策。

　　三是自信，傑克‧威爾許對於這一點給予了極大的重視，他甚至把「永遠自信」列入了美國能夠領先於世界的三大法寶之一。他看到：迅捷源於精簡，精簡的基礎則是自信，而培養員工自信心的辦法就是放權與尊重。

如果你只是個個人主義者，你就不屬於這裡

由於群策群力計畫大獲成功，傑克‧威爾許開始想像新的經營思想和理念在公司內部暢通無阻地傳播和分享，他認為傳統的部門界線將會被瓦解。這種無邊界的經營理念其實就是傑克‧威爾許在一次休假時對群策群力計畫的美好回顧中形成的。

1990 年代初，傑克‧威爾許第一次提到無邊界這個詞。他發現，他在 1980 年代所推行的改革策略（重組、減少管理層等等）進度緩慢，要很長的時間才能影響乃至改變整個奇異。

他需要某個新的點子，「無邊界」的經營理念於是登場了。那麼，無邊界的經營理念具有什麼樣的意義呢？

傑克‧威爾許表示，在無邊界壁壘的公司裡，「我們推倒了把我們彼此之間、我們與外界之間相互隔離的圍牆」。無邊界壁壘的公司應該是這樣的：國內和國外業務將沒有區別；供應商將和產品使用者共生共存；不光獎勵成長迅速的千里馬，還要獎勵發掘出這些千里馬的管理人員；其他公司的好主意和好經驗將受到極大歡迎和學習……

在傑克‧威爾許的設想中，在無邊界經營理念的指導下，公司內將不存在部門間的界線。

為了倡導無邊界經營理念，發揮群體決策的作用。威爾許創建了一個開放的溝通平臺 —— 兩個聽證會，一個是員工層面的，一個是經理層面的。在這兩個聽證會上，所有參與者都可

以暢所欲言，自由發表看法，不設規矩，沒有約束，什麼話都可以開誠布公地講出來，就像《第五項修煉》中提到的「深度匯談」（dialogue）。

在無邊界的想法明確一週後，傑克·威爾許立刻在面向業務經理的博卡會議中提了出來，並隨後開始對經理人員的無邊界行為打分評級。

一年以後，有 5 位經理人員被奇異解僱了，傑克·威爾許在解釋原因時沒有使用「由於個人原因」的陳詞濫調，而是直接告訴參會的經理們：一個是沒有完成經營任務而被解僱，另外四個則是因為不尊奉包括無邊界理念在內的奇異價值觀而被趕走。當時會場靜得連根針落在地上都能聽見，隨後，無邊界等價值觀在奇異經理的實踐中得到了確實的執行。

為了保證無邊界經營理念在公司內的貫徹，傑克·威爾許成立了業務拓展部，這個部門是奇異公司中唯一經傑克·威爾許批准後增加人員編制的部門。業務拓展部由波士頓顧問公司的加里·雷納（Gary M.Reiner）負責，部門由 20 名具有 3～5 年顧問經驗的 MBA 組成，其主要任務不是發出抱怨，而是幫助奇異把無邊界理念推廣並執行下去。幾年以後，這些 MBA 中的一部分已經升到奇異公司的高層管理人員。

傑克·威爾許曾說：「我們不再有多餘的時間去翻越部門之間的邊界壁壘，如設計部和行銷部之間的壁壘，以及員工之間——工讀生、正職人員、管理者之間的屏障。」

奇異透過實行無邊界經營理念，跨部門小組取代了森嚴的部門等級，業務主管取代了經理，自己做決定的員工取代了被動執行命令的員工。到 1993 年夏天時，無邊界壁壘已成為奇異的核心價值觀。就像傑克‧威爾許所說的，「如果你只是個個人主義者，以自我為中心，不喜歡與他人分享，並且不去發掘各種點子，那麼你就不屬於這裡」。

與此同時，傑克‧威爾許還打破了奇異的外部邊界，不斷從別的公司學習好的經驗。在一次造訪零售大王沃爾瑪後，傑克‧威爾許興奮地表示喜歡上了沃爾瑪的好方法：高層管理人員貼近市場一線，使用資訊科技手段。在將奇異的幾個管理團隊送到沃爾瑪去學習後，奇異創立了快速「市場資訊」（QMI）計畫，並且在每季的高層管理會議上實行。

無邊界行為為傑克‧威爾許和奇異公司帶來了意外之喜。在一次為實現年銷售額 1,000 億美元目標的方法討論中，傑克‧威爾許決定派出人馬走訪企業高層、產品使用者，以及高成長中的公司，看能否學到經驗。然而，最終發現最好的理念來自美國陸軍軍事學院。一位軍官認為，傑克‧威爾許推廣了 15 年之久的「數一數二」策略可能束縛了奇異達成 1,000 億美元銷售額這樣的宏偉目標。

沿著這一理念前進，威爾許發現必須重新定義市場占有率。以前的數一數二策略決定了奇異公司要在狹義的市場上占據極高的比例，而依據新的理念，奇異將其市場範圍從 1,150

億美元擴展到 1 萬億美元。

在使用這一嶄新的思考方法定位市場範圍後的第 5 年，奇異公司在 2000 年的銷售額達到了 1,300 億美元，淨收入為 130 億美元。傑克‧威爾許將這歸功於無邊界理念帶來的啟發。

中篇

第三章

傑克・威爾許的領導祕訣

領導者不必親自划船，但他必須有乘風破浪的辦法。

—— 傑克・威爾許

領導與管理，傻傻分不清

　　所謂領導，意思就是影響他人的一種過程，是個體引導群體透過共同的努力達到共同目的的一種行為。領導者是企業的決定因素，處於企業的核心位置，是企業生存和發展的中心環節。領導者是否優秀乃至卓越，將直接決定企業的成敗。而在現實經營中，大多數企業的決策者卻往往將「管理」與「領導」混為一體，從而忽略了領導過程應該產生的巨大能量。

　　那麼，領導與管理有什麼根本上的不同呢？領導行為和管理行為兩者在功能上的主要不同是，前者帶來變革，後者則是為了維持秩序，使公司正常運轉。

　　傑克‧威爾許被視為「全世界最偉大的管理者」，但是，傑克‧威爾許對此卻毫無興趣，他甚至討厭「管理者」這個稱號，他更加偏愛的是「領導者」這個名詞。傑克‧威爾許說：「我不是管理奇異，我是在領導奇異。」

　　傑克‧威爾許又說：「我不喜歡管理者具有的特徵：控制、壓抑人們，使他們處於黑暗中，將他們的時間浪費在瑣事和匯報上。管理者緊盯他們，使他們無法產生自信。」

　　傑克‧威爾許所說到的領導者，完全是領導，而不是管理。在他看來，「管理」這個詞讓人想起的全是傳統的意義，如「控制人，窒息人，使人處於黑暗中」。

　　傑克‧威爾許特別強調「管理者」與「領導者」之間的區

別。他說：「領導人，像羅斯福、邱吉爾和雷根等人，他們有辦法激勵一些有才幹的人，使他們把事情做得更好；而管理者呢，總是在複雜事務的細節上打轉，這些人往往把『進行管理』與『把事業弄得複雜』視為統一。他們往往試圖去控制和壓抑，把大量的時間和精力浪費在瑣碎的細節上。」兩者不僅僅是一種簡單的概念區別。

在傑克・威爾許看來，一個合格的領導者應該具備以下素養：有很強的精力，能夠激勵別人實現共同目標；有決斷力，能夠對是與非做出堅決地回答與處理；最後，能堅持不懈地實施並實現他們的承諾。

這一點，完全符合傑克・威爾許自身的領導經歷。

傑克・威爾許剛上任的時候，奇異公司具有正式「經理」頭銜的人就多達 25,000 多人，與美國其他大公司裡的「管理者」一樣，他們精通「數字」，可以編輯出各種精美的圖形、表格等等，對產品服務或顧客卻知之甚少，甚至漠不關心。他們擴大了本身的職權，對所屬的各企業卻一無所知，對員工的激勵和恐懼也全無了解。在這種轄區內負責企業營運的管理人員知道，本身的業績要按照財務標準來衡量，而非按是否提高了技術水準、製造出品質最優異的產品，或是顧客的滿意度。

傑克・威爾許很早就欣賞管理大師彼得・德魯克（Peter F. Drucker）的管理理念，在管理方面的論述和實踐，他與彼得・德魯克的理論十分契合。在傑克・威爾許看來，彼得・德魯克是

世界上少有的「天才管理思想大師」，德魯克也認為：傑克‧威爾許就是他看好的那種「未來的經營者」的典型。

德魯克寫道：「我們要邁入第三個階段了……將用這種指揮及控制的手段，來區分業務部門的組織，轉變為以資訊為基礎的組織，這是一種知識型專家所構成的組織。」「這種組織的特徵是讓資訊能在組織內以最快、最有效率的方式流通，以達到決策階段。」

德魯克指出，第三階段的產業組織類似一個交響樂團，各種樂器的專家集合在一起，一位指揮統籌引導。這是我們未來對管理組織的挑戰。

事實上，在傑克‧威爾許接手奇異之初，他就開始把奇異向上述的「第三階段」調整。他拆除部分奇異指揮及控制系統，廢除一些「部」及「處」的組織，這被稱之為減少管理層級行動。這與德魯克所說的「以資訊為基礎的組織」不謀而合。傑克‧威爾許希望組織裡的經理人都是充滿自信、有專業能力、有決策能力的人。也就是德魯克所說的「知識專家」。

而就在許多商業領導人針對領導藝術這一話題誇誇其談的時候，傑克‧威爾許已經在親身實踐了。他為奇異創造了一個願景：世界上最具競爭力的企業，再花 20 年時間激發企業，將這一願景變為現實。他擁有龐大的能量，點燃熱情，取得成功。同時，他積極尋找擁有這些素養的領導者。

　　傑克・威爾許說：「這就是領導藝術的精髓。吸納每一個人，歡迎來自四面八方的偉大想法：因為商業的精髓完全在於從每個人那裡得到偉大的構思，所以注意不要放過每一個人，很有可能你的團隊中最沉默的那個人就有著最好的構想。」

　　把重心由管理轉移到領導，這種方法常常會引起人們的疑慮，認為這樣會導致失控，讓企業陷入困境。對此，傑克・威爾許充滿自信，他說：「人們常常問我：『難道你不怕失控嗎？你將無法衡量事情的好壞！』我想，對於這樣的環境，我們不可能失去控制的。100 多年來，奇異已經具有了許多衡量事物的準則，這些準則早已融入了我們每個人的血液。你說我們會失控嗎？」

　　「要領導，而不要管理」，傑克・威爾許的這個觀念已被眾多大企業的決策者所效仿。企業的決策者逐漸明白，真正的領導者不會讓自己忙得不可開交，因為他懂得把事情交給其他的人去做。正如傑克・威爾許所說：「我對如何製作出一檔好的電視節目一竅不通，對於製造飛機引擎也僅是略知一二……不過，我知道誰會是稱職的老闆，這就足夠了。」

　　傑克・威爾許告訴人們，在「以人為本」的知識經濟時代，領導者表現出來的熱情、激情以及靈感，對員工更具激勵和鼓舞作用。而「領導者」絕對與「管理者」不同，只有要做好領導者，才能引導員工朝著自己的願景努力。

授權管理，讓員工發揮最大才能

高明的領導者，會對授權任務進行恰當的控制，使自己能隨時掌握任務的進程，同時，在最恰當的時刻，選擇最恰當的方式，把跑偏的馬拉回到最正確的軌道來。就像傑克‧威爾許所說的：「知道什麼時候應該干涉，什麼時候放手讓人去做，是考驗一個領導者是否合格的標準之一。」

要想成為一名優秀的領導者，參透「一手軟，一手硬，一手放權，一手控制」的授權之道，是非常重要的。只有參透授權之道，才能完成授權實施者與工作控制者的角色轉換，只有完成這一角色轉換，授權才能真正走上合理、有效的運行軌道。

在傑克‧威爾許看來，培養企業員工自信心和積極性的最好辦法就是授權與尊重。正像他所說的：「掐著他們（員工）的脖子，你是無法將工作熱情和自信注入他們心中的，你必須放開他們，給予他們贏得勝利的機會，讓他們從自己所扮演的角色中獲得自信。」

從執掌奇異伊始，傑克‧威爾許就一直在思索著怎樣使奇異的員工更加有使命感和責任感，讓他們以主人翁的態度自覺地加入到公司的經營管理中來。經過長時間的探索和實踐，在完成了對奇異的硬體改革後，在 1988 年，傑克‧威爾許開始將變革的重點放在授權這一方面。

當時，傑克‧威爾許做出了一個令主管們和員工都很吃驚的

決定：他讓主管們安靜地坐下來，聽聽員工怎麼說，讓員工放手去做。簡言之，傑克・威爾許就是要讓主管們授權於員工，讓員工參與到管理和經營中來。

傑克・威爾許不止是這樣說的，也是這樣做的，儘管奇異的那些主管們開始時有很強的牴觸情緒，並不願意授權給員工，但傑克・威爾許要求主管們必須做到，因為只有這樣才能真正滿足奇異員工的強烈欲望，讓他們盡情釋放自己具有創意的想法。他強調說：「如果你僅僅控制兩個人，讓他們按照你的意圖去做事，那我就會解僱你而留下他們兩位。因為三個人只有一種想法，這顯然是對智力資源的浪費。我要的是每個人獨立的想法，我願意從不同的想法中整合一種最佳的方案，這就是奇異策略的基本思維。」

傑克・威爾許的授權方案總結起來有三條：

1. 依靠前線員工的力量，解決生產過程中的日常問題。

2. 讓員工們意識到，自己是公司的重要組成部分，自己的工作業績和公司的未來息息相關。

3. 為公司樹立一個共同的目標，以引起外界的關注，特別是華爾街那些觀察家們的注意。多年來，傑克・威爾許一直對華爾街曾經批評奇異「不過是一堆沒有目標、缺乏發展重點的『大雜燴』」十分惱火，他一直把這句話記在心裡。

　　從當時的情況看來，傑克‧威爾許的做法大膽而頗具創意，也收到了非常大的效果。奇異的每一個員工都覺得自己是公司不可或缺的一分子，因為他們擁有參與經營與管理的權力。這種被需要和受重視的感覺，就是激發他們創造價值的原動力。

　　另外，從表面上看，授權好像就意味著放棄控制，因為，授權會讓管理者對工作和局面的控制削弱。其實不然，授權管理的本質就是控制。這樣做，奇異的主管們並沒有損失多少，因為最後的決策權還在他們手裡，甚至因為有了廣泛的群眾基礎，他們的決策更具普遍性和影響力。

　　傑克‧威爾許喜歡舉出在肯塔基州路易維爾「器具工業園區」的一個例子，來說明授權的重要性。在那裡的生產線上，產品的輸送並不會因為工人快慢而變動。因而，工人若未完成動作，產品一樣會往前輸送。不良產品自然增加。傑克‧威爾許改變這個規定，他要生產線上每一個階段的員工，對自己的半製成品是否要往前輸送有最後決定權。許多人認為這樣行不通，因為可能導致生產線的混亂或停滯。但結果呢？生產線輸送移動得更快，且產品的品質大幅提高。

　　在傑克‧威爾許的堅持下，授權給員工逐漸成為奇異的一項優良傳統，「我們將所有的賭注都壓在員工的身上 —— 充分地授權，給予資源，並按照他們的方法去做」。

　　傑克‧威爾許認為，領導要有足夠的自信，樂意放下自己的權威，授權給別人。真正的領導者應透過「讓權」和「分權」

來取得自己的權力，讓每個人發揮出最大的才能，鼓勵他們去實現自己的抱負。授權應逐級進行 —— 主管向其直接下屬授權，這些人再向他們的下屬授權，如此類推。主管根據每個人的性格和優點安排任務，保證團體中每個員工都能為了達到共同的目標而齊心協力地工作。

傑克·威爾許說：「授權是一種藝術，也是一種學問，它要求領導者具備多方面的素養和技巧。不過，首先是要真心實意從心底裡尊重和關心他人。能不能授權，本質上取決於最高領導者的信念和價值取向。」

最高領導者應當察覺到，每個員工都是十分重要的，都能做出了不起的大事。如此這樣，就能達到一種微妙的平衡，一方面是分散領導者的職責，另一方面是幫助別人增強自信、獲取知識和成為企業的主人。授權既是不變的原則，與此同時也要求具有靈活性。簡單來說，就是要讓員工發揮出最大的潛力。

管得越少，成效越好

傑克·威爾許曾就奇異的管理思想說過這樣一段話：「我們發現公司的組織層級越精簡，溝通便越順暢，這是因為少了許多傳話者橫互其間。事實上，這聽起來似乎是個悖論，因為如果減少管理層級，管理跨度便將增大，這便意味著管理本身將不可能像以往那麼細緻。但是我們驚奇地發現，管得越少，成效越好。」

　　「管得越少，成效越好」，這是傑克‧威爾許的一句名言。這是一種偉大的管理境界，是一種依託企業謀略、企業文化而建立的至高無上的管理理念。

　　事必躬親，只會累壞自己。只相信自己，放心不下他人，經常粗魯地干預別人的工作過程，這是許多管理者的通病。問題是，這會形成一個奇怪的現象：上司喜歡從頭管到尾，越管越變得事必躬親，獨斷專行，疑神疑鬼；同時，部下就越來越綁手綁腳，養成依賴、封閉的習慣，把主動性和創造性丟得一乾二淨。

　　1950 年代至 1970 年代，美國的企業經營管理非常接近於軍方發號施令的體系。這種體制運行被稱為「行政命令」，即上面下命令，下面執行。這樣，企業管理經營的壓力和重任最後就落到一個人身上，那就是公司總經理。總經理下命令，下面執行。上面的經理很著急，下面的員工仍舊漫不經心。

　　這個美國傳統企業的問題被傑克‧威爾許意識到了，他認為在這樣一種情況下企業的管理者扮演的角色是監視，即所謂的「企業監工」，進行監管和監控的工作。這樣所造成的結果是，越高級的經理，越沉浸在文山會海之中，協調、下文、開會，而不是在與顧客、市場、現實的聯繫中。

　　傳統體制下，沒有人對此提出異議，認為理所當然，越高級的經理越應該這樣。實際上，當時美國企業界的管理現狀是：管理者往往進行過多的管理，造成了一種拖拉、懈怠的官僚習氣。奇異自然也不例外，而且可以說是典型的代表。

　　傑克‧威爾許就任奇異董事長兼執行長後的所作所為，猶如在平靜的水中投入一塊巨石，在美國工商界掀起一場變革的風暴。傑克‧威爾許鄙視那些歷史遺老，對那些官僚管理者深惡痛絕。他認為，如此發展下去，包括奇異在內的美國公司勢必遇到困難。如果這些公司真正想度過危機，他們需要更好、經驗更豐富的管理者。

　　《華爾街日報》記者曾就員工激勵問題採訪了傑克‧威爾許。威爾許用一個形象的比喻道出了管理的真諦，他說：「你要勤於替花草施肥澆水，如果它們茁壯成長，你會有一個美麗的花園，如果它們不成材，就把它們剪掉，這就是管理者需要做的事情。」

　　「我認為一個領導人面臨的最大挑戰是如何激勵員工。這些年來，如果說我有什麼成功的地方，那就是我能激勵員工，讓他們實現他們的夢想，讓他們尋找更好的構想。更好的想法和做法肯定是存在的，問題就是你必須去找，每天早晨醒來，你就得想著去找更好的做法。」

　　傑克‧威爾許執掌奇異20年來，與所有現存的、傳統的認知相悖，奇異公司從根本上是反常規作業的。從這一意義上看，已年屆花甲的傑克‧威爾許可以稱得上是一個與傳統捉迷藏的「老頑童」：遊戲傳統，嘲弄既定規則，總是與習慣相反。當絕大多數名聲卓著的企業家都在嘔心瀝血地締造管理規則，要求他人無條件遵從時，傑克‧威爾許則認為，企業文化不是傳統，不是慣

例，更不是一成不變的。並且大聲疾呼：管理應當變革！

　　那麼，在傑克・威爾許的眼裡，什麼才是最好的管理方式呢？是緊緊控制還是無為而治？是盡最大可能地緊握大權還是放手讓員工去做？到底怎樣做才算是合格的管理者？

　　對此，傑克・威爾許給出的回答是：「管得越少，成效越好！」

傑克・威爾許的領導藝術

　　在任何一家企業中，員工能力都是有區別的，這就像「引擎」和「螺絲釘」一樣，企業雖然需要能對企業產生變革性影響的「引擎」型人才，但也離不開兢兢業業為企業奉獻的「螺絲釘」型的員工。

　　「讓腰粗的人背土 —— 不傷力，讓腿粗的人挖土 —— 有力，讓駝背人墊土 —— 彎腰不吃力，讓獨眼龍看準繩 —— 不分散注意力。」身為企業管理者，一個重要責任就是最大程度地開發員工的潛能，要做到這一點，就要讓員工擔任與其相匹配的職位，透過職位匹配達到開發員工潛能的理想效果。

　　與很多企業的 CEO 不同，傑克・威爾許把 50% 以上的工作時間花在了人事上，他自認為自己最大的成功在於總能找到最合適的人才。傑克・威爾許自己曾說：「我們所能做的就是關心和培養人才，因此，我的全部工作就是選擇適當的人。」

　　在一次全球 500 強經理人員大會上，傑克‧威爾許與同行們進行了一次精采的對話交流。

　　有人問：「請您用一句話說出奇異公司成功的最重要原因。」

　　他回答：「是用人的成功。」

　　有人問：「請您用一句話來概括高層管理者最重要的職責。」

　　他回答：「是把世界各地最優秀的人才招攬到自己的身邊。」

　　有人問：「請您用一句話來概括自己最主要的工作。」

　　他回答：「把 50% 以上的工作時間花在選人用人上。」

　　有人問：「請您用一句話說出自己最大的興趣。」

　　他回答：「是發現、使用、愛護和培養人才。」

　　有人問：「請您用一句話說出自己為公司所做的最有價值的一件事。」

　　他回答：「是在退休前選定了自己的接班人 —— 伊梅特。」

　　有人問：「請您總結一個重要的用人規律。」

　　他回答：「一般來說，在一個組織中，有 20% 的人是最好的，70% 的人是中間狀態的，10% 的人是最差的。這是一個動態的曲線。一個善於用人的領導者，必須隨時掌握那 20% 和 10% 的人的姓名和職位，以便實施準確的獎懲措施，進而帶動中間狀態的 70%。這個用人規律，我稱之為『活力曲線』。」

有人問：「請您用一句話來概括自己的領導藝術。」

傑克‧威爾許回答：「讓合適的人做合適的工作。」

由此可見，傑克‧威爾許對於「讓合適的人做合適的工作」這條領導方式的看重。

在另一個場合，傑克‧威爾許對此還做過詳細的解讀：「讓合適的人做合適的工作，遠比開發一項新策略更加重要。這個宗旨適合任何一家企業。我在辦公室裡坐了多年，看到了許多很有希望卻沒有任何結果的策略。即使人們有世界上最好的策略，但是如果沒有合適的人去發展、實現它，這些策略恐怕也只能『光開花，不結果』。」

傑克‧威爾許用自己的管理經驗告訴企業家們，企業不一定需要能力最強的人，但是一定要找到最適合這個職位的人。身為一個領導者，應該了解每一個下屬的能力、品行和愛好，在安排工作的時候，做到因才適用、合理「理才」，將合適的人放在適合其能力和專長的職位上，使之發揮最大能量。

在奇異，傑克‧威爾許非常重視選人工作，他常常提醒公司的管理人員，哪怕是只有一個分公司要招一個人，也要把它作為事關整個企業前途的重大事情來選。他堅信：「我們要僱用最優秀的人，教他們所需要的任何技能。」只有這樣，整個公司才能由最好的人組成，做出最出色的成就。

一次，公司要在一個叫阿馬利洛的小鎮上找一個客機代理商。人事部門的經理面試了 36 個人卻沒找到合適的人選，他急

了，他找到傑克‧威爾許，抱怨為這 36 個人的面試已經花了不少錢。可傑克‧威爾許卻說，為了找到合適的人選，即使面試 360 個人也不要緊。

正因為傑克‧威爾許重視「讓合適的人做合適的工作」，他才得以放手讓他們把事情做到最好。

傑克‧威爾許曾經說過：「如果一個 C 等級的人被你選拔到 B 等級（更高一級）的職位上來，那不是一個正確的決定。即使你經過培養，使他能夠勝任 B 等級的工作，那也不過是錯上加錯。他應該留在他可以做得很好的職位上，如此不顧實際的提拔，既浪費他的時間也浪費你的時間。你需要做的是選擇一個自身能力適合 B 級的人，讓他直接到位開展工作。」

「工作外露」計畫，激發員工熱情

任何一個大的集團公司，都應該有一個可以觸摸公司最優秀人員的頭腦和心靈的地方，作為在變革過程中聚合公司力量的精神紐帶。

傑克‧威爾許登頂開始，就聘請全國知名的哈佛大學教授為奇異坐落在克羅頓維爾的管理開發中心的總負責人。他想使克羅頓維爾成為一個在互動式的開放環境中傳遞想法的地方，使自己與下層經理直接交流，不使資訊在經理們的層層阻隔中失真。使之逐漸成為一個活力中心，為想法的交流提供源源不斷的動力。

　　所以，在介紹傑克‧威爾許的「工作外露」計畫之前，我們有必要先了解一下克羅頓維爾。

　　克羅頓維爾是位於美國紐約州奧辛寧的一所占地 51 英畝的學院，這裡是奇異歷次管理變革的主要發源地，也是造就奇異優秀經理人的大本營。奇異前任 CEO 拉爾夫‧科迪納爾（Ralph J. Cordiner）在 1956 年建造了它，而傑克‧威爾許則「重造」了它，將克羅頓維爾的作用發揮到淋漓盡致，成為培養奇異高級領導人的基地，成為奇異向全球優秀高級經理人員傳授變革思維與管理理念的最重要的陣地。威爾許說：「克羅頓維爾成了我們最重要的工廠。」全球第一 CEO 傑克‧威爾許從這裡走出，他的繼任者傑夫‧伊梅特（Jeff Immelt）從這裡走出，他們都是這間「工廠」的「產品」。從一名鬥志昂揚的大學畢業生，經過克羅頓維爾的培養與奇異各業務職位的鍛造，最終成為奇異的 CEO。後來，他們也成為克羅頓維爾的「講師」，繼續著奇異領導人培訓的又一個輪迴。克羅頓維爾開設的培訓課程有很多，從新員工培訓到特定的技能培訓專案，無所不包。每年在克羅頓維爾接受培訓的奇異高級管理人員來自奇異全球各地的業務部門。

　　菁英學員們在克羅頓維爾的課堂上，盡情地傾訴著他們在公司改革時遇到的種種挫折。然而課堂上與現實中的強烈反差，卻使他們憂心忡忡。在課堂上與傑克‧威爾許交流的內容，與回去後自己的總經理那裡交流的內容完全不一樣。甚至還有

些學員的經理們提醒他們說：「你們要做好心理準備，在克羅頓維爾聽到的那些是胡說八道。」現實的反差促使傑克·威爾許深思：如何把這種坦率和熱情從克羅頓維爾帶回到每個人的工作場所？經過傑克·威爾許的深思熟慮，一個被稱為「工作外露」的改革方案逐漸形成。

克羅頓維爾之所以能夠誠摯坦率，是因為人們在這裡感到說話很自由。傑克·威爾許雖然是他們的大老闆，但是卻不能直接決定他們的職位升遷。如果讓公司的直接負責人領導這種交流，會議的主題就會變味，人們就難以敞開心扉。為此，聘請外面受過訓練的專業人員來主持這種交流。在一個典型的「工作外露」座談會上，有大約 40 至 100 名員工被邀請參加，會議會持續兩到三天。會議開始時經理要到場講話，然後就離開。在經理不在場的情況下，外部專業人員啟發和引導著員工進行討論，最後把大家反映的問題分類列成清單，準備向經理反映。最後，經理到場，要對每一個問題當場做出決定。他們必須對 75% 的問題給予是或不是的明確回答。如果有問題無法當場回答，那麼對該問題的處理，也要在約定的時限內完成。

「工作外露」計畫的意義可以用奇異一位中年員工做過的評論來總結：「25 年來，你們為我的雙手支付薪資，而實際上，你們本來可以擁有我的大腦而且不用支付任何工錢。」確實，距離工作最近的人最了解工作，他們工作中的煩惱與難題，他們心靈深處的震撼，他們抗爭的無奈，他們不為人注目的鮮活

的靈感，他們心頭的熱情與創造的衝動，這些都要有一個機會傾訴和被人注意。坦誠的交流，會激發起他們內心深處的激情和創造的欲望。一個公司必須要找到這樣的切入點，才能不只擁有員工的體力，還能擁有員工的大腦與創造力。一旦把他們的心志激發出來，必將清除各個角落的官僚主義，從而產生巨大的生產力。

如果說克羅頓維爾是優秀的奇異高層經理們頭腦和心靈彙集的地方，那麼「工作外露」計畫就是奇異普通員工頭腦和心志碰撞的場合了。這種「說出來吧」、「釋放一下」、「你說我說」或「有話要說」活動，是一種輕鬆的心理練習，可以讓員工以更好的心態積極地參與到工作中。

人才區別化，人人平等是真正的不平等

《商君書‧算地》中說：「用兵之道，務在壹賞。」意思是說，用兵的方法，一定要統一賞賜。

但是，在奇異卻不是如此，傑克‧威爾許不遺餘力地率領奇異創建「區別化」的激勵機制。

1980 年代，奇異採用的方式是 360 度測評，由一個員工的上、下、平級對其評估，但傑克‧威爾許自己說，這個方法一開始效果好，時間長了就流於形式。

解決之道並非是進一步增加意見樣本，而是讓能夠做出正確判斷者合理使用其權利。

在奇異，傑克‧威爾許用人強調「區別化」，把最好的人挑出來，為他們創造條件，讓他們承擔更大的責任，激勵他們，取得更大的成功。絕對不能「平均主義」，傑克‧威爾許年輕時就因為每個人都得到相同的 1,000 美元加薪而差一點離開奇異。傑克‧威爾許說「對人來說，差別就是一切」，一定要「區分」。

傑克‧威爾許命令奇異的各層經理每年要將自己管理的員工進行嚴格的評估和分類，從而產生 20％的明星員工（「A」類）、70％的活力員工（「B」類）以及10％的落後員工（「C」類）。分類具有強制性，即在一個 20 人的部門，一般會產生 4個 A、14 個 B 和 2 個 C。員工的分類是其薪酬的參考，直接影響到加薪、選擇權和升遷。A 類員工所獲年度加薪一般是 B 類員工的兩到三倍，外加選擇權；B 類員工作為奇異員工的主力軍，一般也會獲得不錯的加薪，其中的 60％～ 70％還能得到選擇權；C 維持原地不動，但視其實際表現會得到一至兩年的改進緩衝期，逾期無改進者則被解僱。傑克‧威爾許在設計和實施這套系統時，非常注重各層級之間開誠布公的資訊回饋與交流。「B」員工是其上司的工作重點，會從上司處得知自己還需改進哪些地方才能進入「A」類；「C」類員工一般也能得到改進意見。對「A」類員工的期望是保持桂冠，一旦出局，會在部門引起震盪。每一個「A」類員工的下滑，都會得到足夠的關注和部門會診。如果確認其經理督促不力，經理要負相關責任。

　　那麼，判斷這三類員工標準是什麼呢？是 4 個 E 和一個 P：精力（energy）、激勵他人（energize）、決斷力（edge）、執行力（execute）、熱情（passion）。關於這一點，我們在後文會作詳細介紹。

　　考量的辦法並不複雜，以業績作縱軸，公司價值觀作橫軸構建一個座標軸，依次將每名員工歸入相應的範圍：第一象限內是兩方面都好，應獎勵的對象；第三象限內是兩方面都不符合規則，即 10% 的應被淘汰的員工；處於中間範圍內，業績不好但符合公司價值觀的，有待幫助和考驗。最值得注意的是業績好但價值觀不符的，傑克・威爾許稱他們為「害群之馬」，需要及時改正或開除，否則會有極大隱患。

　　到此為止，傑克・威爾許終於和最底層員工間建立了一個良性循環的連接機制：在克羅頓維爾將最新的價值觀和策略思想傳達給整個公司的骨幹，透過群策群力將其貫徹下去，以無邊界將企業內的最佳實踐普及化，只有做得最好的員工才有機會獲得選擇權和去克羅頓維爾接受培訓，這也意味著升遷的機會。

　　至於 10% 的淘汰制，傑克・威爾許認為，這不是一種「殘酷」，恰恰相反，這是對員工的「仁慈」，不告訴他，讓他待在一個不能成長和進步的環境裡才是真正的「假慈悲」。這樣將避免員工將來年老時，就業機會越來越少，但還要供養孩子上學、支付住房貸款，那時再告訴他說：你走吧，這裡不適合你──那才是殘酷！

所以奇異願意儘早告訴他們：你可能不符合奇異的文化與價值觀，到其他公司也許有更好的發展。

按照這種管理方法，傑克·威爾許開除了許多高層主管。甚至包括現任 CEO 傑夫·伊梅特也感受過這種壓力，當年他負責奇異醫療系統時，有一年業績不太好，傑克·威爾許告訴他，我們都很喜歡你，但如果明年你的業績還不好，我們就必須採取行動了。傑夫的回答是：「如果結果不盡人意，你不需要親自來辭退我，因為我自己會離開的。」結果，第二年，傑夫·伊梅特的業績又重新做了上去。

所以，每一名奇異人，包括業務集團的 CEO，包括中層經理，包括基層員工，沒有一個例外，都在這種文化之下，公平地面對公司的評估，面對「危機與挑戰」。

當然，離開奇異的那 10％ 的人並不能說一定是失敗者，事實上，許多離開奇異的高層管理者後來都成為全球 500 強公司的 CEO，離開奇異的普通員工也都成為全球各大 500 強公司爭相「搶奪」的對象。

創造優良工作環境，回饋優秀人才

在對奇異進行人事改革後，一部分員工陸續被資遣、失業，就在這時，傑克·威爾許卻毅然決定投入 7,500 萬美元的鉅資在總部修建健身中心、迎賓館和會議中心，這讓許多人覺得不可思議，尤其是那些面臨失業的員工更是對此憤怒不已。

有人甚至當面大聲質問傑克‧威爾許：「關閉工廠，辭退員工，與此同時卻在腳踏車、臥房和會議中心上大把花錢，這是為什麼？」

而另一方面，7,500 萬美元雖然與奇異花在購建工廠設備上的 120 億美元相比，簡直就像是從口袋裡掏出來的一點零用錢。但奇異那些思想保守的人卻不這樣想，那 120 億是投向全世界的各個工廠，他們看不見，而且本來就是習以為常的事情。對他們來說，這 7,500 萬美元卻是在眼皮底下，天天看得見的。其象徵意義實在太大了，大得讓他們根本無法接受。

儘管傑克‧威爾許完全理解那些失業者的心情，也明白奇異內部保守人士的這種情緒化，但他絕不會退縮和躲避，他會利用每一個機會來消除人們的不滿情緒。因為他堅信，自己的行動正是基於「重視人才價值」的理念。在傑克‧威爾許看來，在公司設施上的投資和裁減人員正是一個問題的兩面，都是為了實現公司的目標，都是公司發展的需求。

1982 年初，傑克‧威爾許開始兩週舉行一次圓桌會議，與大約 25 名高層管理人員邊喝咖啡邊聊天，不管每次會議的主題是什麼，在這段時間裡，談論的話題都會集中到 7,500 萬美元上。雖然傑克‧威爾許喜歡爭論，但他卻沒必要一定要在爭論中贏得勝利，因為他需要贏得人心，一個一個地贏得人們的支持。當時的傑克‧威爾許在奇異，遠沒有今天說一不二的威望。因此，

傑克‧威爾許不得不反覆跟他們解釋說，花這些錢與業務緊縮兩者是一致的，為了實現公司的目標，我們必須這麼做。

「健身房既能為大家提供一個聚會的場所，又能增進人們的健康。公司總部聚集了很多專家，這些人並不製造或者銷售什麼具體的東西。在這裡工作與在廠房裡工作很不一樣。在具體的業務單位，你可以專心致志地裝卸訂單所要求的貨物，也可以為推出一項新產品而興高采烈。但在總部，你得把車停在地下停車場，乘電梯到達你所在的樓層，然後就在房間的一個小角落裡坐下來開始工作，直到一天結束。自助餐廳是公共聚會的地方，然而大多數餐桌旁坐的都是整天在一起工作的人。」

「我想，健身房可以提供大家一個更輕鬆隨意地聚會場所，可以把不同部門、不同管理層的人，不管高矮胖瘦，都聚在一起。如果你願意，它也可以成為一個商店和休息場所。假如投資 100 萬美元就能讓這些設想成為現實，我認為是值得的。」儘管傑克‧威爾許投資健身房的用心極好，但面對大量員工被裁減的情況，還是很難得到人們的理解。

新建迎賓館、會議中心和克羅頓維爾也是出於同樣的考慮，目的只是想在公司裡創造一種一流的家庭般的氛圍。公司總部是個孤島，它位於紐約以北 60 多英里，周圍都是鄉村，大家在工作之餘都沒有一個像樣的地方聚一聚。

現在看來，傑克‧威爾許的做法是具有先見之明的。要吸引和留住最優秀人才，僅僅支付他們最高水準的薪水是遠遠不夠

的，公司還應該為他們創造一個優美舒適的工作環境。難以想像，一個優秀的人才拿著高薪卻在一間破舊陰暗的辦公室裡工作，這是多麼不協調的景象啊！同樣難以想像，一個世界知名的大公司卻只有簡陋的工廠和低矮的辦公樓。可見，以鉅資修建迎賓館和會議中心，不僅是吸引優秀人才的重要條件，而且是提升公司形象的有效途徑。

在傑克・威爾許的堅持下，奇異公司裡面創造出了一種家庭般的閒適氛圍，步入奇異，人們會時刻感受到那種外向的、平等的、自由的、舒暢的工作氛圍。奇異擁有了全國最好的工作和休閒環境，越來越多的人才開始向這裡聚集。傑克・威爾許的目的達到了。

威爾許用實踐證明了他的觀點，相對於企業的優秀人才為企業創造的利潤而言，在提升環境方面花費的這些錢不過是一些零用錢而已。

重新定義老闆與員工之間的關係

在目前的商業社會中，勇於開拓，自主積極，已成為眾多大公司員工的特點。在很多知名大公司中，員工都可以參與決策，而公司也會充分地為員工提供決策時所需的重要資訊，這稱不上是一種激進的管理想法。可是，當傑克・威爾許在1980年代初首次實踐這些管理想法時，確實是對統治美國公司多年的命令控制模式的一種反叛。傑克・威爾許解除了員工的各種束

縛，讓他們自由發揮，達到了無邊界管理模式。

對此，傑克·威爾許有精采的詮釋：「推行無邊界不只是單純的去除官僚體系的作風，終極目標是要重新定義老闆與員工間的關係……1990 年代的管理要奠基於工作的自由化上。假如你想讓員工皆能有所貢獻，你必須讓他能夠自由發揮。」

在上任之初，傑克·威爾許發現一種現象，那就是每當自己召開會議時，一些職員都會花上很多的時間做準備，為的是能夠準確回答他可能提出的問題。這種預先準備的資料無疑代表了一種界線，一種施加於員工們和老闆之間的無形界線。傑克·威爾許於是在多個場合告訴職員，他不希望他們做這些準備，因為這樣太浪費時間。

話雖這麼說，但那些職員還是擔心傑克·威爾許會問一些他們可能回答不上來的問題。正所謂上有政策，下有對策。於是，他們在會議廳外安排一個雇員，以備盡可能快地找到答案，而那個雇員就變成了另外一種界線，阻礙了職員與傑克·威爾許進行直接而坦率地交流。當傑克·威爾許發現了這種情況後，他及時制止了這種行為。

在一次會議上，傑克·威爾許向一位主管提出了一個他回答不上來的問題。

「我真的不知道該怎麼回答。」這個主管面帶慚愧地坦白說。

　　威爾許立刻帶頭鼓起掌來，他真心地稱讚道：「你能這樣說，我感到很高興。不過，你必須確信你能找到答案，並且讓我知道。」

　　威爾許很樂意與職員有這樣的交流，它能在員工與老闆之間創造了一種無界線的氛圍。這些員工將會從浪費更少的時間和做更少的無用功中獲得回報。

　　這種交流在奇異逐漸推行開來以後，員工與威爾許之間的關係更融洽了，更和諧了，他們的工作也更自由了。

　　正如同「開放」給予人的感覺一樣，與傑克‧威爾許進行溝通，就彷彿是被潑了一臉冷水似的，有時直接得讓人難堪，但也正是這種直接，使員工能與他產生真正有效地交流。

　　曾經擔任奇異消費者部門主任的保羅‧奧登，曾經因為該部門主要商品的低品質、高價格與低獲利率而有過一場艱難的奮戰。有一天，奧登在公司的走廊裡遇見了傑克‧威爾許。

　　「最近怎麼樣？」威爾許隨意地問道，「業務開展得還好吧？」

　　「需要一番奮戰，傑克。」奧登沒有兜圈子。

　　「那麼，有沒有我可以幫忙的地方？」威爾許說道。

　　奧登思忖了片刻，說道：「唔，有的，你可以停止把我的部門說成化糞池。」

　　「我愛怎麼稱呼它是我的自由。」威爾許馬上反擊。

　　「好吧，」奧登不傷和氣地說，「既然如此，謝謝你的幫

助。」

對於自己的這種略似傲慢的表現，傑克·威爾許說：「假如你是個封建主義者、以自我為中心、不喜歡與他人分享及共同研究構想，你就不屬這裡。消除彼此間的壁壘，讓我們得以互相批評，但又不會傷到和氣，當有人開始圓場時，我們會彼此揶揄。組織內部的成員必須是不拘禮節、輕鬆自在而又彼此信賴的。」

員工的勞動力得到真正的釋放，才能夠為企業帶來活力與生機，傑克·威爾許對這一點有著深刻的認知，所以他才會花力氣在重新定義老闆與員工的關係，而事實也證明，他的這項舉措對奇異的管理文化有著深遠的影響。直到現在，在傑克·威爾許退休以後，他的這項舉措仍舊是奇異的一大特色。

挑選人才的標準：4 個 E 和 1 個 P

在挑選人才時，傑克·威爾許認為前來應聘的人必須有要經過「4E 和 1P」檢驗，只有這樣才有資格進入奇異。

在執掌奇異的 20 多年間，傑克·威爾許把奇異從一家成熟的製造公司轉變成為領軍全球的生產服務型龍頭企業。企業的價值因他成長了超過 30 倍。而這一切的獲得都要歸因於他有膽量藐視奇異公司一些神聖不可侵犯的傳統規則（比如他進行了成百上千次徵購）、進行那些「棘手的通話」（他解僱了超過 10

萬名工人），以及讓奇異死板、封閉的企業文化改頭換面（他把那些所謂的策略規劃者打發回家，確保經理人能直接聽到員工的心聲）。

　　然而最為關鍵的是，傑克‧威爾許選擇和培養了領導者。在傑克‧威爾許任奇異公司董事長期間，奇異公司的執行長上「《財富》雜誌世界 500 位執行長」的次數超過了歷史上的任何一個企業。傑克‧威爾許曾經說過這麼一句著名的話：「世界上最聰明的人聘用的是世界上最聰明的人」。然而事實上，對傑克‧威爾許來說，只是聰明人遠遠不夠，他所要求的要多得多。

　　「4E 領導法則」幫助威爾許找到並培養了能和諧融入奇異富有生機、注重績效的企業文化的領導者。傑克‧威爾許的目標是打造全球最具競爭力的企業，而那些在四個「E」評價系統中都能獲得高分的領導者才是最終幫助傑克‧威爾許實現這一目標的人。

　　4E 人才是十足的複合型人才。他們活力充沛，能清晰、有力地表述願景，並激勵眾人為之奮鬥。他們在競爭中是驍勇的戰將，總能達到自己的奮鬥目標。

　　那麼所謂的 4E 具體指的是什麼呢？

　　第一個「E」是積極向上的活力（Energy）。就是有所作為的精神、渴望行動、喜歡變革。有活力的人通常都是外向的、樂觀的。他們善於與人交流、結交朋友。他們總是滿懷熱情地開始一天的工作，同樣充滿熱情地結束一天的辛勞，很少

會在中途顯出疲憊。

第二個「E」是指激勵別人的能力（Energize）。威爾許認為，這也是一種積極向上的能力，它可以讓其他人加速行動起來。懂得激勵別人的人能鼓舞自己的團隊，承擔看似不可能完成的任務，並且享受戰勝困難的喜悅。他特別強調，激勵別人並不是只會做慷慨激昂的演講，而是需要對業務有精深的了解，並且掌握出色的說服技巧，創造能夠喚醒他人的氛圍。

第三個「E」是決斷力（Edge），即對問題做出決定的勇氣。威爾許發現，在任何層次的經理人中間，最糟糕的那種類型就是遲疑不決的人，他們總是說：「把事情推遲一個月，我們再好好地、認真地考慮一下。」還有另外一類人，他們明明同意了你的建議，但是等其他人來到他們房間以後，他們的想法又改變了。傑克·威爾許把這些缺乏主見的人叫做「鼠首兩端的老闆」。

第四個「E」是執行力（Execute），即落實工作任務的能力。執行力是一種專門的、獨特的技能，它意味著一個人知道怎樣把決定付諸行動，並繼續向前推進，最終完成目標，其中還要經歷阻力、混亂，或者意外的干擾。有執行力的人非常明白，「贏」才是結果。

除此之外，傑克·威爾許昭告那些企業招聘責任人，如果某位應試者具備了以上所有的「E」，那你最後還需要看一點，他有沒有那個「P」── 熱情（Passion）。所謂熱情，是指對

工作有一種衷心的、強烈的、真實的興奮感。充滿熱情的人特別在乎別人，發自內心地在乎同事、員工和朋友們是否取得了成功。

傑克・威爾許認為，好的員工首先是精力旺盛的人 —— 充滿活力，可以調動別人的熱情、調動別人的積極性；再來是那種不光自己做得好，還能激勵他人做得更好的人；他們要有一些優勢，這些優勢非常明顯，很容易被判斷出來；有決策勇氣，要能決策、會決策，此外還要能落實決策。這些素養是你需要找的人所必備的特質。但是，這樣的人不容易找，不見得一下子就能找到。

傑克・威爾許說，表面精力旺盛的人，往往喜歡打擊別人，壓制別人，讓別人感覺工作非常壓抑，自己喜歡發號施令。一些人太聰明，決策時，他們也許說這樣也行，那樣也行，但就在他們說的時候，時局發展了，很好的機會就可能沒有了。一些人計畫做得非常好，他們有理想但是從來不能落實，無法帶來具體的結果。這樣的人都不可選。

有人也許會問，如果有人不具備上述一個或者兩個「E」，那該怎麼辦？是否可以透過培訓來彌補這些缺陷？對此，傑克・威爾許的回答是，不管怎樣，在招聘的時候，所有的候選人至少應該具備前兩個「E」，即積極向上的活力和激勵別人的能力。因為它們都屬於個人的性格，很難透過培訓來彌補。並

勸告企業招聘人員，在招聘任何職位的時候，無論是不是經理
人，你最好都不要僱傭那些缺乏積極活力的人，因為沒有活力
的人將削弱整個團隊的動力。另一方面，決斷力和執行力可以
靠經驗累積和管理培訓來提高。傑克・威爾許認為，儘管有的人
只是依靠自己的絕頂聰明，或者一意孤行的作風，就可以達到
了不起的高度。但是在一個組織中，那些缺少 4 個「E」特質和
熱情的人，尤其是領導者，能夠持續取得成功的並不多見。

第四章

改變遊戲規則，成為最大的贏家

矛盾的是，最殘酷的競爭時刻往往是最令人興奮、最有
欣賞價值、最感到充實的時刻，因為它足以成為公司拓展疆
域的契機。

—— 傑克·威爾許

東西之戰：強大的亞洲對手

　　競爭是傑克・威爾許領導風格的重要組成部分，他的每一滴血液裡都流淌著競爭的因子，就像他自己所說的：每天都在競爭戰場上的刺刀邊緣工作。

　　1980 年代，日本經濟的高速發展曾給西方，尤其是美國經濟帶來巨大的威脅。當時，美國工業界給人的感覺就像是病入膏肓了，眾多知名的財經記者和經濟學家們紛紛預測，類似奇異這樣的工業巨人將很快被來自東方的強大對手所擊倒，現實似乎也為這個論調做了最好的證明，比如，奇異製造電視機，可與日本電視機相比，他們的出廠成本比人家的售價還要高，其他的產品也有類似的情形。

　　對傑克・威爾許來說，競爭越發激烈，他就越享受這其中的樂趣。在傑克・威爾許看來，最殘酷的競爭時刻往往也是卻是最令人興奮、最有欣賞價值、最感到充實的時刻，因為它足以成為企業發展壯大的契機，也足以成為個人達到人生巔峰的契機。

　　1990 年代，在美國的商業界，海外競爭者們侵略性極強的威脅與挑戰讓眾多美國企業飽受折磨，而美國的生產力也在逐年下降，在企業中的許多生產領導權也都紛紛被其他國家的人接手。那些拒絕更新自己、拋棄舊包袱、擁抱新科技的公司，在當時都深陷在無法自拔的困境中。而傑克・威爾許卻下定決心，絕對不讓這種事情發生在奇異身上。

　　接下來則是來自中國排山倒海般的競爭，在這種境況下，傑克‧威爾許和奇異又該如何面對呢？

　　實際上，在這種競爭中，傑克‧威爾許更多地看到的是潛在的機遇，為此他感到興奮。他說：

　　中國所扮演的，不僅是競爭對手的角色。

　　中國也是一個市場、一個生產的備選地和一個潛在的商業夥伴。

　　與日本早期的發展不同，中國龐大的市場對直接投資是相對開放的。很多人能在這裡做得很好，在中國市場上銷售自己的產品，或者為自己母國的市場大量採購。

　　而對於如何在激烈的競爭中立於不敗之地乃至贏得最終的勝利，傑克‧威爾許的看法是：首要的一點，就是啟動三架保證競爭力的老戰車 —— 成本、品質和服務 —— 並且讓自己的駕馭技術更上一層樓。

　　對於傑克‧威爾許的競爭欲望，美國國家廣播公司的主管布蘭登‧塔奇科夫（Brandon Tartikoff）說過這樣的話，競爭是每天早晨敦促傑克‧威爾許起床的動力：「他就像我一樣，他喜歡贏得勝利。」塔奇科夫在 30 歲的時候，便成為電視界有史以來最年輕的娛樂部門的董事長。他一手接管了美國國家廣播公司最薄弱的節目企劃工作，並且使其搖身一變，成為最成功的一個業務部門。

　　當然，商業競爭有自身必須遵守的規範，傑克‧威爾許對於這一點非常看重，他認為，競爭性與遵守規範是並行不悖的。

　　卓越和競爭性是完全可以同誠實和正直並立的。成績評定為優等的優秀學生、長跑運動員、跳高紀錄的保持者，都是表現絕佳的優勝者，都能夠在不靠舞弊的情況下贏得勝利，至於那些會欺騙會舞弊的人，通常都是弱者。

企業之間的競爭不是零和賽局

　　「我取得勝利還不夠，其他人必須都失敗。」這是一代天驕成吉思汗的一句名言，也是現在有些企業經營者所信奉的競爭天條。可在傑克‧威爾許看來，這純屬無稽之談！他認為，經營企業根本不是這樣的，與商場上的競爭也並不是戰場上你死我活的那種戰鬥。

　　毋庸置疑，任何一個經營者都不希望看到自己的競爭對手發展壯大，把自己落在身後。所以大多數經營者都具有強烈的好勝心，都希望贏得競爭，比如賣出最多的產品、占有最大的市場率、實現最高的利潤率等等。

　　不過，傑克‧威爾許提醒我們也應該意識到，競爭對手雖然虎視眈眈，隨時等待著機會超越乃至擊敗你們，但是這種競爭環境只會帶給你或者你的企業好處。這種競爭會讓你更加執著，更加專注於你的產品和服務。這種競爭讓你時刻保持高昂的鬥志和積極進取的精神。而優秀的對手還能從創新到服務的

各個方面提高雙方競爭的層次，間接增強雙方企業的實力。

對此，傑克·威爾許也有自己獨特的看法。

注意，企業之間的競爭不是一個零和賽局（zero-sum game）。在體育比賽中，一支球隊贏的時候，另一支球隊肯定就輸了。而在企業中，一個公司贏得競爭的時候，還有很多間接的獲勝者。除了優秀公司的企業主管和股東首當其衝獲得利益之外，員工、經銷商、供應商也能獲利。在某些情況下，微軟和安進公司（Amgen）是一個很好的例子 —— 一個公司的成功能夠催生數十個新公司，這些新公司向「母公司」供應原料、零件或出售產品。這樣的成功例子多達數千個。

相反，如果沒有競爭，企業的戰鬥力就會下降得很快，各種消極的因素也會紛至沓來。像這樣的例子有很多，看看那些官僚性壟斷企業，他們之所以失敗，一個很重要的原因就是在實現了目標之後開始沾沾自喜，妄自尊大，故步自封。

那麼，在與對手競爭時應該注意哪些問題呢？傑克·威爾許認為，需要注意以下三個方面：

1. 不要損害消費者的利益

   消費者是企業的上帝，任何企業如果沒有消費者的承擔和支持，都只有面臨消亡的命運。就算有的消費者因為消費需求，一時無力杜絕企業的不公之舉，還有消費者協會及國家保護消費者的法律，這些都會保護消費者的切身利益。企業之間的任何競爭，都要以不侵害消費者的利益為前提！

2. 與供應商的關係要良好

現代的工業生產日益複雜，一個企業要想維持正常生產，不斷壯大企業規模，必須依靠供應商提供原料、零件、設備及能源等，不僅是這樣，供應商能否提供優質、便宜的商品、原料，會直接影響到企業產品或服務品質的優劣。另外，供應商還可以為企業提供一系列寶貴的資訊，如市場資訊、價格資訊、消費趨勢資訊等。由此不難看到，企業要想提高經濟效益，與供應商維持良好的關係是重要手段之一。因此，與對手競爭時，千萬不可忽視與供應商的關係，更不能惡化這種關係，否則，你將得不償失！

3. 與經銷商的關係要至誠

經銷商在把產品從企業轉給消費者的過程中，有著十分重要的作用。由於經銷商肩負著產品銷售的重任，因此，企業與經銷商的關係，不單有助於企業爭取經銷商的合作，還可以促使經銷商積極而又主動地宣傳，維護企業的聲譽。這一點是十分重要的！

在商業利益上，講求「有錢大家賺」。雙贏並不是一句空話，不妨與同行多打交道、多合作，雙方同時獲利豈不是皆大歡喜。就像傑克·威爾許所說的：「或許你不希望競爭對手超過你，但你最好祈求他們的存在。因為競爭對顧客有利，對你有利（雖然，有時候競爭會帶給你很大的痛苦），當然，也對整個企業環境有利。」

奇異科技化

威爾許在競爭實踐中敏感地意識到,科技的力量正在日益激烈的競爭中發揮絕對強勢的作用。所以,將先進的科技手段納入奇異的競爭領域,同樣是威爾許打造競爭優勢的重要舉措。

當威爾許意識到在網路上建立商務網站並非十分困難時,他開始對網路有了深入的了解。在威爾許看來,數位化並不是神祕之物,沒有什麼可懼怕的。威爾許雖然無法肯定網路會在什麼時候,以什麼方式和內容對奇異產生影響,但他知道,從現在起,奇異必須全方面地、大張旗鼓地進入這個領域。

於是,威爾許結合奇異的實際情況,開始向他的員工及投資者闡述數位化的魅力與可行性。威爾許認為,像奇異這樣的「大型老公司」完全可以走數位化之路。與新興的網路公司相比,奇異達到收支平衡所需的時間短,回報更大,更有把握。因此,奇異完全可以在電子商務的領域發展中占盡上風。

威爾許知道,奇異也有自己的網站,但它們卻大多數只用於發表資訊和瀏覽,根本不具備交易的功能。正如奇異電子商務部門及公司網站的負責人帕姆‧威克漢姆所說的那樣,「1998年底聖誕節的時候,傑克所關注的,正是網路經濟的交易環節,而這正是我們所探尋的業務模式的核心部分,只有解決好這一問題,網路才能夠帶來真正的利潤」。

很快,傑克‧威爾許便對奇異旗下的所有業務部門下達了任務,要求它們構建具備交易功能的商務網站。

1999 年 1 月，在博卡舉行的奇異管理會議上，傑克‧威爾許明確提出電子商務將是奇異今後的首要工作重點，並要求各部門的主管都要考慮一下各自部門的電子商務計畫，在 6 月的策略會議上提交。

3 月，威爾許又邀請 IBM 的葛斯納（Louis Gerstner）、朗訊科技的里奇‧麥金（Rich McGinn）等熟悉電子商務的人來參加公司的會議，向各級管理人員灌輸電子商務的意識。

與此同時，來自奇異聚合物中心的執行長彼得‧福斯提供的統計資料表明，截至 1998 年年底，該中心的網站每週已能夠實現 10,000 美元的在線交易（1999 年年底，這一數字飆升到 60 萬美元。而到了 2000 年 6 月，該數字更是高達 1,500 萬美元）。在奇異，像彼得‧福斯這樣積極開拓網路商務的不乏其人。在傑克‧威爾許指定網路為奇異下一步發展大計之後，奇異上上下下，不管是管理人員還是普通員工，都快速行動起來，並在全公司展開了一場轟轟烈烈的網路化運動。

隨後，各個業務部門電子商務團隊的成員們被集中到一個地方，大家共同暢想，競爭對手究竟有可能採用哪些網路業務來攻擊奇異。一旦某個成熟的方案被確定下來，傑克‧威爾許便利用自己在奇異說一不二的威望，雷厲風行地把它實踐。

到了 1999 年 5 月，奇異的網路菁英遞交給管理高層一份出人意料的報告，他們毫無顧慮地大膽指出：奇異網路策略的前提假設完全錯了，也就是說，奇異並沒有遇到想像中的競爭

威脅。報告還進一步指出，奇異的網路策略本身已是如此的超前，根本沒有必要顧忌任何外部的威脅。

這些網路菁英們堅信，奇異對競爭威脅的顧慮完全沒有必要，那些想像中的競爭對手甚至根本沒有精力和實力來構建自己的網路策略。因此，奇異所需要做的，就是集中精力發展自己的電子商務。同時，由於奇異所做的充分的、網路化的準備，使它實際上早已遠遠地領先於競爭對手了。

威爾許放下心來，奇異的業務很安全，並沒有受到來自其他方面的威脅。原因很簡單，那些設想中的競爭對手都沒有奇異所具備的基礎設施、倉庫和豐富的產品。

奇異並不需要任何新的網路經濟模式，它原有的業務模式本身就已足夠優秀。奇異所需要做的，只是把現有的業務模式網路化。這樣一來，不僅原有的客戶資源能夠得以繼續保留，而且還有效地防止他們向其他競爭對手的轉移。

奇異的社會責任

近幾年來，企業的社會責任越來越被提起，很多企業都在向「成為良好的企業公民」而努力。

國際社會也積極響應，從 1999 年美國推出「道瓊永續指數」（Dow Jones sustainability indexes, DJSI）， 到 2001年英國的 FTSE4Good，再到澳洲的 RepuTex，這些企業社會責任感認定標準的建立表明，企業在經歷了資本的原始累積和

優化整合階段之後，正在步入「企業公民」這一全新的競爭階段。

的確，提倡社會責任不僅可以提升企業的社會形象，更是獲得進入國際市場的通行證，提升企業長期盈利能力的重要保證。世界經濟論壇更是放言，具有社會責任感是決定企業能否在全球化運作中取得成功的決定性因素之一。社會責任感實際上正在成為一種強大競爭力。

不過，一般提起社會責任，大多數人馬上就想到募捐，參加公益事業，實際上這些並非是企業最大的社會責任。

傑克‧威爾許多次重申企業的第一社會責任：「企業最大的社會責任是把公司做成功。只有當一個公司非常成功的時候，也就是人們感到安全、對工作有安全感的時候，企業才能回報社會，才能繳納賦稅，才能培養下一代，才能去貧困的國家和地區進行幫助。只有獲勝的、傑出的公司才能回報於社會。」

事實也證明了這一點，那些健全的、成功的企業往往比脆弱的企業更容易成為好的企業公民。在「最佳企業公民」中位於前列的都是如奇異、奇異磨坊、英特爾、寶僑、IBM、惠普這樣的大公司，而那些經營不善、績效不彰的失敗的企業根本不可能上榜。

傑克‧威爾許進一步解釋了原因，他說：「健全的企業會守法付稅，健全的企業能夠增加就業機會，健全的企業創造出來的愉悅迷人的環境，遠比那些羸弱的企業所產生的不安與緊張

氛圍更具吸引力。」因此，把企業經營好，使之不斷成長發展並屹立百年不倒，為社會提供更多的就業機會，就是企業對社會負責的最直接也是最重要的表現。

企業只有成功了才能為社會做出貢獻，如果不成功，不但無法回饋社會，還會成為社會的負擔。因此，對社會負責就要想方設法把企業經營好。

奇異公司自成立以來就一直自覺地履行著自己的社會義務。它不斷地推出能夠滿足人們消費需求的產品和服務，不斷創新生產技術以推動生產力。奇異生產的機器設備性能更加優越、技術含量更高、更加節能和環保，幫助了眾多企業，而奇異所推出的其他的產品也在不斷改善人們的生活。尤其是自傑克‧威爾許上任以來，透過汰換非數一數二的業務、裁減冗員，更為奇異注入了生機和活力，為奇異能提供社會更好的服務、承擔更大的責任提供了基礎。社會在改變，而奇異的這種對社會高度負責的精神卻始終沒變。

當然，除了企業的第一社會責任，在公益事業等能展現社會責任感的事情上，傑克‧威爾許領導的奇異也表現得非常突出，比如愛爾梵協會（Elfun Society）的改造。

愛爾梵協會本來是一個白領階層的關係網路團體，是由奇異的菁英分子組成，活動的主要內容是透過聚會、宴會等形式加強交流。這個菁英團體把自己看成高人一等的白領，挫傷了廣大員工的積極性。

　　傑克·威爾許作為新任 CEO，在該協會年會上說：「我對這個組織存在的合理性持有嚴重的保留意見，我看不出你們現在做的這些事情有什麼價值，你們現在是一個等級分明的社交政治俱樂部。」

　　在傑克·威爾許的敦促下，愛爾梵協會變成了一個社區志願者服務團體，所有員工均可參加，活動的內容是向社會提供義務服務：從修建公園、運動場、圖書館到為中學生提供輔導、為盲人修理錄音機等。

　　很多企業認為，社會責任感對於企業來說是一種負擔，那意味著企業不僅要遵守法律法規，還必須具有高度的道德規範，不但從生產到銷售的所有環節都要經過「良心」的檢驗，而且還要積極募捐、投入公益事業。「可能會把企業拖垮」，這是很多企業擔心的事情，但是傑克·威爾許並不這麼認為。他說，事實上一個足夠成功的企業是不會因為承擔社會責任而被拖垮的，相反，依靠道德規範指導企業的行動會使企業具有更加強大的競爭力。

傑克·威爾許的「贏」之道

　　輸和贏是遊戲的兩面，沒有人可以例外。「善勝者不爭，善陣者不戰，善戰者不敗，善敗者不亂……」古人在〈棋經十三篇〉中對輸與贏做了很好的總結。

　　傑克‧威爾許被稱為全球最偉大的 CEO，他領導奇異取得了偉大的成就，在外人看來，他無疑是一個大贏家，就連他自己寫的管理著作也以《致勝》（*Winning*）命名，在這本書中，傑克‧威爾許大談「贏」之道。

　　他說：

　　贏可以是打造一個能夠在國際競爭中勝出的強大企業。

　　贏意味著你真正到達了選擇的目的地。它不一定和利潤相關，雖然也可以和利潤相關。從根本上說，贏的意義就是讓你的生命有所成就。它意味著追求進步、做有意義的事情。它意味著成功。

　　贏並不意味著破壞家庭、社區和國家。贏甚至與可以參加新一輪全球經濟的公司沒有關係。事實上，你認為經濟上的成功肯定是道德上的墮落，這個觀點絕對是錯誤的。

　　……

　　可事實上，傑克‧威爾許的經營人生也並不總是以贏為主題，在探討奇異的制勝之道時，傑克‧威爾許並不諱言自己曾經犯下的錯誤；他試圖幫助後輩找到捷徑，並總是拿自己走過的彎路來作為前車之鑑。

　　傑克‧威爾許在經營奇異的過程中，經歷過為數不少的失敗，但最重要的有兩次。

　　第一次失敗是在收購博格華納公司（BorgWarner Inc.）塑膠產業的時候，以傑克‧威爾許為首的奇異領導層做出了排斥

異己的決定。他們裁減了博格華納原來的銷售隊伍，計劃用奇異自己的菁英團隊取而代之，以最大限度地節省銷售費用，發揮併購優勢。然而他們很快發現，博格華納的廉價塑膠產品需要面對完全不同的市場與客戶，而奇異的人對此並不擅長。

傑克‧威爾許深知，解僱員工是經理人最不願意承擔的苦差事，而錯誤地解僱員工更是覆水難收。最終，市場占有率下降了 15%，收購沒有產生真正的價值。這樣的失敗可謂刻骨銘心。在以後參與的上千次企業收購中，傑克‧威爾許無時無刻不在提醒自己，要對收購與被收購雙方的員工一視同仁，最充分地利用難得的人力資源。即便是如此，他認為自己看到的併購成功率也只有七成左右。世界上沒有永遠的常勝將軍，只有不斷進步的商戰智慧。

第二次失敗在 1990 年代，當時正是核磁共振掃描儀開始大規模投入實際應用的時候，而奇異的醫療儀器部門舉世聞名。當時，奇異的人得意於自己的技術優勢，夢想以高解析度的成像效果來統領市場。然而在實際操作中，他們的機器掃描時間太長，檢查空間過分狹窄，常常使病人陷入難以名狀的恐慌之中。此時，日立等競爭對手已經開始研製解析度適中，但使用效率更高、更人性化的新產品。消息一傳來，傑克‧威爾許感到擔憂。可是奇異醫療儀器部門的人員卻對他敷衍了事，沒有理會這個技術外行的意見。很快，市場上見出了分曉，日立公司開始大規模攻城略地，奇異花了兩年的時間才重新追趕上來。

　　在談到這次失利時，傑克‧威爾許絲毫沒有責怪屬下的意思，更不想藉此炫耀自己的先見之明。他只是非常後悔，為什麼當初沒有付出更大的努力，沒有向部下提出更嚴厲的挑戰？他明確表示，身為公司的 CEO，僅僅提出問題和意見是不夠的，如果沒有引起員工們的相應行動，同樣毫無價值可言。

　　當然，儘管有一些大小的挫折和失敗，但傑克‧威爾許作為一個商界領袖依然是相當完美的。也正是因為經歷過這些挫折和失敗，傑克‧威爾許才能更深入地掌握贏得競爭的智慧。

第五章

大公司的身軀，小公司的靈魂

　　小公司行動快速，他們更了解商場上猶豫的代價。因此，奇異公司必須去做，而且是以小公司那種雷厲風行的行事速度去做，即在奇異公司龐大的身軀裡，安裝上小公司的靈魂。

—— 傑克・威爾許

小公司的優勢

一般公司的主要目標就是變大，在企業文化中，規模龐大被認為是一種優勢。

奇異無疑是一個大公司，早在傑克・威爾許接管奇異時，它已經是全美最大的公司之一，有 40 多萬名員工。

無疑，公司「大」的確有其「大」的好處。例如，奇異因為「大」而投資數十億美元研究開發新型的 GE90 飛機引擎，或下一代燃氣輪機，或正電子放射斷層攝影（PET）系列影像診斷儀 —— 那些時常要在投資數年之後才能開始見效益的產品。

龐大的規模，使奇異那些具有前途的大型業務部門在起伏跌宕的市場上擁有持久的優勢，使奇異能夠在 1980 年代經濟衰退的那幾年中，在動力系統部大量投資，並使該部門得以順利地發展，還能在即將來臨的全球經濟繁榮時代有所作為。奇異飛機引擎部正走出 1990 年代初的低谷，龐大的規模使它繼續投入巨額資金，去開發新產品，並且使該部門在這一經濟週期內直到 21 世紀都保持在全球的領導地位。

龐大的規模，使奇異有足夠的資源在教育方面一年投資 5 億多美元，以便在整個組織的各級人員中培養它必須獲得的人才資源。

而在海外，「大」使奇異公司得以和業績最佳的大公司和大國建立起合作關係，在印度、墨西哥以及新興的南亞地區工

業強國進行長期的投資 —— 同時還投資數十億美元用於研製和開發未來市場需求的產品。

可是，在今天競爭極為激烈的國際市場上，龐大的規模不再像以往那樣是一張王牌了 —— 當今的市場並不以公司的規模和銷售額的數字為評判標準，而是需求、價值和實績。

傑克·威爾許在經營奇異的過程中逐漸發現，他們必須採納小公司的許多價值觀，才能在不斷變動的市場競爭中立於不敗之地。可以說，當美國的許多大企業領導者陶醉於大公司的某些有利特徵時，傑克·威爾許就已經發現：大公司常常只是在規模和市場領域的開拓方面先聲奪人，而那些小公司卻在創造令人興奮的實績。早在 1980 年代末，傑克·威爾許就指出：「我們必須找方法把這家大公司的資源、人力、技術等整合起來，並配合小公司的機敏、彈性及幹勁。」小公司有許多明顯的競爭優勢，「第一，公司內部的溝通更為通暢；第二，公司的行動比較敏捷；第三，公司領導人的企業家精神更能對員工產生影響，因為他的形象會更清楚地出現在員工面前；第四，小公司比較珍惜時間：他們花在寫備忘錄及報告的時間要少得多，而且他們的精力多半會花在對外的競爭，而非內部的鬥爭。」

值得注意的是，《幸福》雜誌 1980 年代在評選 500 家優秀公司時，也已經注意到小企業優勢；而在這之前，小企業並沒有引起報刊雜誌那麼高度的重視，《富比士》雜誌按照 1979 年創辦的《公司》雜誌的觀點，評選 500 家發展最迅速的小公司，

其中還有 300 家列入到最有希望獲得高利潤的中、小企業的名單。這在1970年代時的《富比士》雜誌簡直是不可想像的事情。

1980年代有不少人一直注意研究小企業，以便證明小型不僅是美的，而且是具有生命力的。他們所鼓吹的小企業的企業家精神，使像奇異公司這樣的大企業受到鼓勵，日益從另外一個角度來觀察小企業如何經營，以及它們為什麼能在股票市場外吸引幾十億資金投入初期的風險事業。

那麼，具體地講，傑克·威爾許究竟最喜歡小公司的哪些地方呢？在一封致股東的信中，威爾許說道：

大多數小公司井然有序、簡單而不拘泥於形式，他們撻伐官僚主義，靠熱情成功。小公司靠建設性意見發展，而不拘泥這些主意是否來自有權威的高層。他們需要每一個人的努力，需要每一個人的參與，並且根據每一個人對公司取得成功所做的貢獻決定賞罰。小公司懷有偉大理想，而對成長額之類的數字並不感興趣。我們喜愛小公司的交流方式：簡潔、直率、熱情。

小公司的每一名員工都了解那些決定公司命運的人 —— 顧客的喜好，對他們的需求瞭如指掌。他們每天都要面對市場現實，以最快的速度在決策後採取行動，以使自己能夠在眾多同類和大公司的擠壓下得以生存和發展 —— 事情就是這麼簡單。

我們回過頭來再次討論小公司的優勢所在：速度。速度產生出一種急迫性、一種興奮感、一種對重要事態的關注。速度是一劑預防官僚主義和昏庸無為的疫苗，是驅動小公司運轉的

簡單要素，而大公司正是由於缺乏這樣的速度而陷入困境。

正是出於這種考慮，傑克‧威爾許力求做到，在奇異這個龐大的公司肌體內注入小公司的細胞——速度。在實踐中，他積極地探索小公司的優勢——自由坦誠的訊息溝通、創新精神、集體情感、反應靈敏，以此提高公司的生產力，增強市場競爭能力。

像經營小公司那樣經營奇異

在很多商業人士看來，要想將一家被官僚制度所阻礙的大公司變革成一家靈活的、充滿競爭力的公司就好像穿著水泥做的靴子想跑贏一場比賽一樣，希望十分渺茫。可是，傑克‧威爾許就是不信邪，他把奇異這家巨型公司當成生存在市場風浪中的小公司來經營，結果，獲得了奇蹟般的成功。這其中的原因就在於，在傑克‧威爾許眼裡，經營大公司和經營小公司的道理是一樣的。簡單的說，在傑克‧威爾許的心目中，賣核電站與賣口香糖的道理是相通的。

如果領導者具有非凡的能力，那大公司同樣可以像小公司那樣快速行動。

當傑克‧威爾許接管奇異時，奇異所實行就是一個非常典型官僚體制，但是，傑克‧威爾許自信自己一定能夠慢慢地把小公司的熱情和非正規的快速行事的作風灌輸到奇異的靈魂深處。就像你看到的那樣，他成功了！

傑克‧威爾許一刻也不停地關注著與奇異「變大」相伴而來的危機。他花費了大量的精力，力圖把奇異改造得盡可能敏捷、盡可能快速，就像小公司那樣。透過管理層級的簡化，以及調動員工積極性的充分授權，傑克‧威爾許實現了這一目標：

1. 剔除了那些有礙於奇異這臺機器快速運轉的管理層級。
2. 取消了奇異第二和第三梯隊的管理層—即策略事業和集團公司的管理層。
3. 推出「合力促進」計畫。該計畫旨在提高員工參與經營決策的積極性，進而營造一種類似於小公司的氛圍。

這一目標實現後是驚人地乾淨利落、簡單有效。主意、創意和決策常常以聲速傳播。而在以前的奇異，它們常常被繁文縟節和壓抑沉悶的層層審批所阻塞和扭曲。

在 1980 年代早期，奇異的管理層被看作是 —— 他們自己也認為自己是 —— 監視者、檢查者、亂出主意者和審批者。但是傑克‧威爾許改變了這種觀念和任務的分配方式，奇異的管理層開始將他們自己看作提供方便者、建議者、業務操作的合作者，管理層和雇員雙方的滿意程度在提高，合作的感覺也增強了。一切都朝著日益成長的統一感和共同目標感前進。

可以說，從接手奇異到退休，傑克‧威爾許始終在強調奇異要像小公司那樣經營。因為他明白，大規模的組織，儘管可能具有許多優點，但是它也最容易製造各種壁壘和障礙，從而

減緩行動的速度。「規模會阻礙人們的行動、牽制人們的思維」——這正是傑克·威爾許經營理念的核心內容之一。

注入小公司的靈魂

　　商業市場的發展要求一家企業要想持續發展，其組織就必須簡潔，而對於奇異這樣規模龐大的企業，要想達到這個目標，就必須克服公司規模龐大和效率低下的矛盾，在具有大企業的龐大實力的同時，具有小公司的效率、靈活性和自信。企業必須在自由和控制之間取得平衡。

　　傑克·威爾許非常強調看似矛盾的正反兩面：企業的致勝之道需要具備龐大的力量與資源，同時也要具有新創小公司的那種靈敏度。他認為，要想在一個競爭日趨激烈的世界中生存，像奇異這樣的大公司必須停止像大公司那樣行動和思考問題。它們應當：精簡機構、增加靈活性並且像小公司一樣考慮問題。

　　因為企業如果僅僅在規模上具有優勢，那麼它絕對不足以應付當今全球性市場的殘酷競爭。所以，大公司也必須具備小公司的靈魂。「我們不得不找到一種方式，將大公司的雄厚實力、豐富資源、龐大影響力和小公司的發展欲望、靈活性、精神和熱情結合起來。」傑克·威爾許說。

　　也許有人會問，難道公司經營的目標不是成長再成長、盈利再盈利嗎？

　　的確，任何一家公司的經營目標都是盡可能地多盈利。但這與傑克・威爾許的說法並不矛盾，他只不過是提醒我們，在公司不斷成長變大的過程中，切勿丟掉小公司的諸多優點，更不要讓大公司的劣根性把自己擊垮和吞噬。

　　成長、變大，本身並沒有錯。只不過，在變大的過程中，應當替你的大公司安裝上小公司的靈魂！使你的大公司變成真正敏捷的大型組織，這樣才能屹立商界，長勝不衰！

　　在構建如小公司般的組織結構過程中，傑克・威爾許毫不留情地斬除了奇異中無法帶來附加價值的管理層級，並取消了那些找不到存在價值的部門經理的職位。如果你的公司也如同當年的奇異一樣，患上了大公司流行的「水腫病」，那麼你不妨試試傑克・威爾許的經營藥方，再造你的企業，把那些有礙公司快速行動的管理層級、邊界和壁壘、繁瑣的審批程序等等，統統拋得無影無蹤，徹底從你的身邊清除掉。

　　那麼，如何做才能使大公司能夠像小公司一樣靈活敏捷呢？

　　傑克・威爾許這樣說：「大公司只有一樣優勢，那就是它的規模，但特別注意應該去使用它，而不是一味地去管理。大公司要做的工作就是勇敢地衝出去，去採取行動。你不可能每回必勝，但你必須鼓勵每個人行動。你不能坐在那，光想著管理你的大公司，看一下那些陷於困境的大公司，就可以看到它們竭力去集結，去管理規模。我認為關鍵是怎樣利用你現有的東

西：規模小，你可以利用它的靈活性；規模大，你也要利用它，而不是去管理它。」

克服大公司的通病

對於奇異這樣的巨型公司，如何在充分發揮規模大這一優勢的同時，克服大公司的通病，傑克‧威爾許這樣說：「在你成長的時候，不要忽略了小公司所提供的優勢，以及它們能比更大的對手做得更好的地方。當你正在成長的時候，不要讓大公司所擁有的特點阻塞了你的道路，淹沒你、壓垮你，就好像那個穿著雨鞋的跑步者。讓你的企業成長，但是盡可能地將小公司的想法灌輸到你大公司的軀體中。這樣，你就會同時擁有兩個不同世界中最好的東西。」

不要穿著雨鞋跑步，否則，你就不可能贏得勝利。這是傑克‧威爾許經營思想的主要特點之一。

小公司的員工們必須時時刻刻行動迅速，否則就會被殘酷的市場競爭所淘汰。傑克‧威爾許認為，小公司這種速度是市場競爭中不可或缺的要素，而且是最具有決定性的一項要素。

講求「速度」的最大好處就在於它能促使人們快速地、面對面地決策，從而避免長時間又沒有任何意義的例行會議。速度是「競爭力不可分割的組成部分」，傑克‧威爾許說：「速度使企業和員工保持年輕，它極具吸引力，正是我們需要著力培養的風格。」

　　講求速度，早在傑克‧威爾許的職業生涯初期就已經植根在他的身上了。當傑克‧威爾許還是奇異塑膠部門的一名小職員時，他的工作風格就以快速著稱，有著拚命三郎般的工作幹勁，這也是他在奇異能迅速攀升的主要原因。

　　接管奇異後的很長一段時間，傑克‧威爾許都在竭力宣揚小公司在速度上的優點，「更好的客戶反響和生產週期縮短使得生產能力提升，速度快帶來的不只是直接的商業利益，還有更大的現金流量、更高的盈利能力以及更多的市場占有率」。

　　「速度使人興奮、充滿活力，這在商業界中尤為正確。在這裡，速度推進想法，使業務流程突破功能性的障礙，在衝向市場的洪流中，將官僚主義和它們所帶來的阻礙統統掃到一邊。」

　　此外，傑克‧威爾許還注意到，所有的公司似乎遵循著一種可以預見的生命週期。一開始，新公司為進入市場所苦惱。在這樣一種環境中，官僚主義很難找到立足點，就好像冰不可能在快速流動的水流中形成一樣。但是，隨著公司的成長壯大，生存環境的日益好轉，它們優先考慮的東西往往就會從速度轉向對整個公司的控制，從領導轉向了管理，從贏得勝利轉向保住它們已擁有的東西，從為客戶服務轉向為官僚主義服務。

　　「我們開始建立層層管理層來使決策過程變得平穩，並且控制這種成長，」傑克‧威爾許說，「它所做的一切就是使我們放慢速度，在我們的企業部門之間設置障礙，這創造出了地盤主義。」

這就是傑克‧威爾許極力強調速度會為奇異帶來不同的結果。「如果你速度不快，你就無法獲勝。你必須讓產品更快上市，更迅速地從客戶處獲得回饋，你必須快速做出決策。如果你的區域性觀念太強，管理層次太多，這就好像在冷天穿著六件毛衣出門，你的身體並不知道氣溫是多少。」

在傑克‧威爾許領導奇異的時代，速度一直被當成優點，傑克‧威爾許和他的同事們以突破紀錄的速度完成交易作為榮譽的象徵。傑克‧威爾許在談到 1989 年奇異如何僅僅用了三天的時間，就完成了與英國著名企業 GEC 聯盟的事情時，總是充滿自豪。因為這筆交易在醫用系統、電器、電力系統以及輸電與控制等四項業務上提高了奇異在歐洲市場的占有率。

史蒂夫‧科爾是從學術界來到克羅頓維爾培訓中心的，在成為該中心主管之前，他曾是南加州大學商學院的副院長，後來又做過哈佛大學管理學的訪問教授。他坦率地承認，剛開始時很不習慣奇異的快節奏。「在南加州大學，你不可能在不到一年的時間裡準備一門課，但是在奇異，人們的態度是，『做工作，讓工作繼續下去』。在奇異，決策者必須當場做出決策。我們發現，的確有 10% 的決策是錯誤的，但是這並不壞。所以人們的感覺都是，『做點什麼，它可能就是正確的決定』。」

諸如開設一門管理學課程這樣的小決定，以及像獲得奧林匹克轉播權這樣更大的決策上，傑克‧威爾許都很為自己能讓奇異像小公司一樣迅速行動而自豪，他說：「速度是開放性組織的

產物，龐大的能量以及讓其他人充滿活力的能力是我們的關鍵
特點。讓所有人都參與進來，快速行動。如果你無法很快做出
決策，你無法很快地讓每個人都參與其中，那麼你就不具備我
們所需要的那種特質。只會當一名能力出眾的管理者是遠遠不
夠的，你還必須振奮大家的精神，讓他們行動起來。」

　　奇異資融（GE Capital）是一家典型的像小公司一樣思考
和行動的企業，其前執行長加里‧溫特（Gary C. Wendt）深
受傑克‧威爾許的影響，他將自己所擁有的 330 億美元的企業當
作一系列在某個市場擁有獨特優勢的小公司來經營。他在康乃
狄克州的史丹佛總部的人員雖然少但都是精兵強將。加里‧溫特
說，他希望主管們與客戶在一起，而不是和他在一起。因此各
部門的主管們都密切貼近他們的市場，專注於他們最了解的那
部分業務。

　　正是由於專注的範圍較窄，奇異資融的業務可以清楚地了
解到什麼時候盈利、什麼時候虧損，並及時進行調整，從而保
持整個奇異始終像小公司一樣快速靈活。

第六章

不能原地踏步！放眼全球的策略眼光

　　全球化的創意跟其他創意一樣，由種子到枝繁葉茂，最後長成了一個花園。一開始，我們從市場的角度考慮全球化問題，後來轉為尋求產品和零件，最後又發展到挖掘各國知識資本的階段。

—— 傑克・威爾許

美國經濟的未來取決於全球市場

「美國經濟的未來取決於全球市場」，這句話現在聽起來沒有任何不妥，完全是老生常談。但是，當 1981 年傑克・威爾許剛剛成為奇異的掌舵人時，他說的這句話卻有著驚天動地的效果。

事實上，在整個 1970 年代到 1980 年代初，美國人的日子並不好過，可以說是殘酷又令人沮喪的。

1973 年，美國第一次能源危機爆發，引發的原因就是阿拉伯國家的石油禁運政策，這造成美國的石油和能源只能限量配給。而眾多美國消費者在設法購買小型、節油的交通工具以應付危機時卻發現，日本的汽車行業已經做好了滿足其需求的準備。石油禁運政策及國外企業的有備而來對美國企業界產生了深遠的影響，很多的美國企業家開始意識到：美國人在二戰以後再也不能要風得風、要雨得雨了，而美國經濟也將會受到國外經濟、政治力量越來越大的制約。

1975 年，美國越南戰爭失敗，軍隊從越南鎩羽而歸，這對已經不堪重負的美國經濟來說，如同在傷口上撒鹽，而最明顯的影響就是經濟危機的爆發以及股票市場的崩潰。

1979 年，美國又一次在海外蒙羞。激進的伊朗新政權逮捕並扣押了美國駐德黑蘭使館人員。

1970 年代晚期，在能源價格、存款利率、稅收及各種制約下，美國經濟遭受雙重破壞：通貨膨脹失控，失業率居高不下。

同時，美國的經濟競爭對手日本和德國成長勢頭迅猛。人們不禁會想：日德兩國是否會在不久的將來將美國遠遠拋在身後。

進入 1980 年代後，傑克‧威爾許和其他商業領袖對美國的國際潛力及其在世界經濟中地位的認知不盡相同，但是他們都清楚地知道一點，世界新形勢（加上旅遊交通業的發展，以及美國工業、智慧財產權、技術和服務業的強盛）的出現為美國公司提供了許多全球性商機。

傑克‧威爾許敏銳地發現，企業競爭日趨全球化，奇異在海外市場有許多機會。

在那時，全球化對大多數美國企業家來說還是一個陌生的名詞。而傑克‧威爾許這種認知顯然具有重大的前瞻性。事實上，當時大多數美國企業經營是以美國市場為中心。而且多年來都不曾且認為沒必要去改變這種狀況，所以大多數企業的領導者對全球化市場深感困惑。

然而，傑克‧威爾許卻發現全球化勢在必行。他認為，在面對全球化市場，奇異有很多的機會，因而不能錯失良機！在一次談話中，傑克‧威爾許曾這樣說道：

「長達半個世紀的戰爭、恐懼、憎恨，以及在防衛上所耗費的金錢和精力都將要結束，一個充滿機會的和平世界正在等待著我們；蘇聯、東歐都在一夜之間從計畫經濟轉向市場經濟，世界各地一下子平靜了下來，國界與市場也相繼被開啟，為那些快速、有創造力和競爭力強的公司創造了大量的機會。」

　　儘管在接管奇異的伊始，傑克‧威爾許就提出了全球化的重要意義，但是，他並沒有馬上在奇異實施全球化策略。畢竟，在 1980 年代中期以前，奇異的改革和本國市場問題一直困擾著傑克‧威爾許。全球化策略只能先放到第二位。

　　從整體上看，甚至到 1987 年，奇異的業務幾乎還是完全集中在美國市場，只有 23% 的收益來自於海外市場。奇異的許多企業仍然習慣以它們在美國市場的競爭地位衡量其競爭優勢。

　　時任奇異董事會副主席的保羅‧弗雷斯科（Paolo Fresco）認為，奇異其實一直都在考慮全球化策略，但是，奇異只有先完成「調整、出售或關閉」的業務整合階段，才有精力去考慮公司的全球化策略。「如果你在國內市場上尚未打好堅實的基礎，那麼，你很難一下子投入到全球市場中，」保羅‧弗雷斯科說，「一旦時機成熟，我們將毫不猶豫地走到國際舞臺。」

　　為了加快推動奇異的全球化進程，傑克‧威爾許任命了保羅‧弗雷斯科擔任奇異國際業務高級副總裁，總部設在倫敦，地位與所有的業務主管相同 —— 只是沒有具體的經營職責。保羅代表著奇異的國際業務。他個子很高，相貌英俊，文質彬彬，有一副迷人的模樣，是全世界都熟知的人物。保羅是個律師，義大利後裔，1962 年加入奇異，一直負責奇異的國際部。保羅不僅先後當過奇異歐洲、中東和非洲區的副總裁，更是公司裡最好的談判專家。

　　保羅成了奇異最受歡迎的「全球化先生」，是奇異全球化

活動最積極的實施者。他每天早上一起床，就思考著如何讓公司在美國之外發展壯大。在每一次會議上，他總是鼓勵他的同事們做全球化的擴張計畫。有時候，為了說服人們接受他有關全球化的觀點，保羅甚至顯得絮叨，他總是纏著各個業務部的CEO，要了解他們國際業務的細節，總是催促人們去做更多的交易，以使奇異真正走向全球。

在全球化的進程中，傑克・威爾許將歐洲放在了首要位置。從 1980 年代末起，奇異在歐洲投資了近 100 億美元，其中一半用於收購。

傑克・威爾許的全球化革命最早始於 1987 年，當年 6 月，傑克・威爾許和法國最大家電公司湯姆森家電的總裁阿蘭・戈梅斯會晤，在經過半個小時的交談後，兩位心有靈犀的總裁達成一項交易：奇異同意將每年 30 億美元營業額的電視機企業，與湯姆森家電療顯影企業交換。奇異雖然是美國電視機的第一大廠商，擁有美國 25%的市場，在世界排名第四，但是經營無利可圖；而湯姆森家電的電療顯影企業雖然也一直在賠錢，但是它擁有整個歐洲醫療顯影設備市場 10%的占有率，年銷售額約為 7.5 億美元。

雖然這項交易的規模在傑克・威爾許的商業生涯不值一提，但是它是奇異開展全球化策略的最好明證，是傑克・威爾許總裁生涯中具有非常意義的交易之一。傑克・威爾許說：「第三流的球員沒有上場的機會。在電視機方面，我們已經是強弩之末；

我們有過美好的時機，然而突然之間電視機企業需要支出 4 億美元的成本。這時候，湯姆森家電給了我們一個機會，更主要的是，我們開始與國外的大企業合作了。」

奇異的全球化策略

與湯姆森家電交易的成功為奇異的全球化打造了一個完美的開端。從此，奇異的戰車在全球化的大道上一路高歌猛進。

1989 年，英國奇異有限公司（該公司與美國奇異名稱完全一樣，但卻沒有任何關係。2000 年，英國奇異公司改名馬可尼 Marconi 後，美國奇異才擁有了「奇異」這個名字的所有權利）正面臨惡意兼併，於是傑克·威爾許主動示援。

雙方經過反覆磋商，最終於 1989 年 4 月建立了一系列合資企業，奇異併購了英國奇異的醫藥系統、電器、動力系統和配電的業務。這個協議使奇異擁有了一個很好的工業企業，在動力領域站穩了腳跟，從而進入了歐洲燃氣渦輪機業務。

直到 1990 年，奇異照明（GE Lighting）還幾乎完全是一家美國本土企業，在歐洲的市場占有率不到 2%。不過，傑克·威爾許非常希望將奇異旗下的事業全球化，這包括照明事業。奇異是世界上第二大的照明設備生產者（僅次於飛利浦），1989 年的營業額為 23 億元。但它在歐洲僅排名第六，只占歐洲燈泡市場的 3%。因而，當傑克·威爾許知道匈牙利的通斯拉姆照明公司有意出讓時，他馬上宣布計劃以 1.5 億美元購買匈牙利通斯

拉姆公司 51％的股權，剩餘部分到 5 年之後購買。這在當時可說是一個爆炸性的大新聞，也是西方公司在東歐最大的一筆單項投資。

當然，傑克·威爾許並不是貿然行動，事前，他已經對這家公司有了足夠的了解，可謂知根知底。

通斯拉姆公司創立於 1896 年，是世界上歷史悠久的照明公司之一，僅次於創立於 1878 年的奇異及創立於 1888 年的飛利浦。通斯拉姆公司的出口競爭力極強，每年 3 億美元的收入中，70％來自外銷西方國家的所得。它在西歐的市場占有率有令人羨慕的 7％，就連 BMW 的部分車型也使用通斯拉姆製造的大燈。

對傑克·威爾許而言，併購通斯拉姆完全符合他創新經營策略上的需求：通斯拉姆會使奇異在歐洲市場成為最強勁的競爭者，不但有製造基地，也有行銷通路。甚至，併購還可使奇異向世界照明事業的引領者又邁進一大步。

然而，並非所有的海外交易都會有好的結果。1988 年，奇異公司聽說荷蘭飛利浦公司有意出售他的電器業務。於是，傑克·威爾許和保羅立即飛往荷蘭的恩荷芬與飛利浦公司的 CEO 舉行會談。如果此項交易成功，奇異公司在歐洲的電器市場就會擁有無與倫比的強大地位。

那天的會談之後，他們開始談判飛利浦的電器業務。飛利浦的 CEO 安排他的總裁與保羅談判。經過幾個星期的努力後，

他們就價格問題基本達成了一致，傑克‧威爾許本來認為可以成交了。誰知，令人震驚的變故發生了。

就在他們握手的第二天，飛利浦公司的那位總裁突然說：「對不起，保羅，我們打算和惠而浦合作，他們報的價比你們高。」

保羅簡直不相信自己的耳朵，當他在半夜時分打電話給傑克‧威爾許時，傑克‧威爾許的憤怒可想而知。「我被震怒了。飛利浦在一項交易上動搖一次已經夠糟糕的了，第二次談判是我在高層商務交易中從來沒有見過的。所幸，在我擔任 CEO 的 20 年時間裡，經手了成千上萬次併購、合夥和交易，這種事情很少發生，而公然背信棄義的情況也就是那麼一次。」

在奇異公司的全球化策略中另外一個值得一提的是奇異資融服務公司。該公司從 1990 年初就開始了全球化的擴張活動。它的重點在歐洲，收購的是保險和金融公司。自從 1994 年加里‧溫特聘用了倫敦的克里斯托弗‧麥肯齊以後，業務活動開始大量上升。在加里的大力支持下，克里斯托弗開展了在歐洲大舉擴張的業務活動。在 1990 年末，加里在日本也領導了類似的工作。

奇異資融服務公司的成長，其基本策略與其他業務相同，也是收購策略。奇異資融服務公司在 10 年內，在全世界收購的企業超過了 300 家，其中一半以上的業務是透過收購實現擴張。

加里‧溫特，奇異資融部門前執行長，這樣評價傑克‧威爾許的全球化策略：「1980 年代末期，傑克‧威爾許前瞻性地看出了全球市場的新變化，那種試圖把奇異的產品銷售到全球市場

的做法即將被淘汰，取而代之的將是奇異的業務在全球範圍內擴張 —— 其實這正是為了把產品更好地推廣到全世界的每個角落。直到此時，人們才真正看清楚了全球化的真正內涵。」

奇異的全方位發展

在推進全球化進程的同時，傑克‧威爾許要求奇異的每一項事業都能突飛猛進。奇異不再安於做單純的國內企業，而是要向全球化企業發展。傑克‧威爾許經常催促企業領導人，必須認清潛在的合作對象，只有這樣，才能在全球化的浪潮裡抓住機遇。

如今，奇異的重要業務，均已在國際化方面取得了很好的成績，並在繼續擴大戰果。

· 家電：奇異的家電部門曾試圖買下飛利浦在歐洲的部門，但被惠而浦捷足先登。1989 年，家電部門又在亞洲建立了幾個合資企業。150 年中，奇異在全世界市場上賣出 1,000 萬件以上的家電，包括電冰箱、冷凍櫃、烤箱、洗衣機、洗碗機等。

· 航空：奇異的飛機引擎訂單，不論軍用還是民用，一直來自世界各國。為了提高它在歐洲市場的占有率，它還與一家法國公司合資，取得了不菲的成績。在 1996 年，奇異贏得全球大型商業噴氣引擎 70% 的訂單，成為全世界大型和小型飛機引擎的最大製造商。

- 金融：相對其他業務而言，奇異的金融業務是全球化程度較低的部門。不過，它也是奇異旗下的明星部門，從陪襯變成表現優異的多樣化金融公司。

- 工業系統：其海外業績迅速發展，已經在新加坡及馬來西亞設立了生產基地。

- 廣播：奇異擁有美國三大電視網之一的美國國家廣播公司（NBC），旗下擁有很多資產，甚至包括美國在 2008 年以前對奧運會轉播的所有權利，其國外事業的發展也有相當的規模。

- 醫療系統：包括 X 光機在內的各種醫療診斷造影技術，其大部分利潤來自國外。

- 照明：生產從鹵素燈到戶外用的各種燈具，大部分銷售以國外為主。

- 運輸系統：在海外的收益每年有 15% 的成長，大部分銷售來自美國以外的市場。

- 資訊服務：對企業的電子商務服務，它管理著全世界最大的電子交易網。業務遍及世界許多國家，全球化程度相當高。

- 塑膠：這個部門供應包括建築業在內的各種產業所需要的塑膠產品。這是奇異旗下最早開始全球化的部門，從 1970 年代開始，奇異在歐洲及亞洲陸續投資，現在它仍是奇異全球化程度最高的部門。

- 電力：此部門有 1/3 的收益來自國外，主要從事設計、製

造、維修各種蒸汽、水力渦輪機和發電機，以及引起爭議的核能燃料等。

傑克‧威爾許深知，全球化是無可避免的大趨勢。一個明智的領導者必須敏銳地洞察這種趨勢，並牢牢地把握它，將它轉化為實際的優勢和利益。

人力資源全球化

全球化為奇異帶來了豐厚的回報，海外收入的成長比率比美國國內高出一倍以上。但是市場上的成功還遠遠無法令傑克‧威爾許滿足，這只是奇異全球化策略的一部分。一家公司要實現全球化，就必須使它的每一項活動，包括原材料的採購、產品的生產銷售、人力資源的配置等都實現全球化。

奇異的全球化進程一直在朝人力資源的全球化這一目標前進。在展開全球化工作的時候，傑克‧威爾許將最好的人才投入到這項工作之中。作為奇異公司全球化策略的一部分，奇異公司還提拔了一批當地人才擔任高級管理人員，僱用並提拔當地人才而不是派遣美國的管理人員，這是奇異在亞洲和其他地區加速公司人才全球化主要策略之一。

僅在中國，就有奇異的醫療系統集團、塑膠集團和照明集團設立的「技術中心」。還計劃在境外設立研發中心。在印度的邦加羅爾建立大型的研究開發實驗室將成為規模僅次於奇異在紐約的研發中心。奇異的目標是：「21 世紀的奇異必須能提供

高價值的全球性產品和服務，這些產品和服務將由全球的人才為全球市場而設計。」

在技術人員實現全球化的同時，管理人員也要全球化。在奇異各國的分部，越來越多的當地人擔當起業務領導人的重任，傑克‧威爾許不斷強調降低美國雇員在海外的比例。奇異已經將其派到海外市場去的 50% 的美國人召回家，威爾許認為這對全球化策略大有好處。

在 1999 年年報「致股東的信」中，傑克‧威爾許表示：「我們的目標是要成為『全球首選的雇主』。我們要努力為全球各地擔任領導職務的本地人創造激動人心的機會，從而使我們的目標成為現實。這一措施將使我們實現我們最大、最長遠的夢想 —— 一個真正全球化的奇異。

1997 年下半年，傑克‧威爾許任命生於日本的藤森義明為奇異醫療系統亞洲公司的執行長和奇異亞太公司的副總裁，他又任命生於古巴的阿蒂加斯為奇異電力系統服務部門的副總裁，任命生於西班牙的埃格特為該業務控制部門的總裁，接替阿蒂加斯。

傑克‧威爾許曾經這樣闡述人才全球化的重要性：

全球化有不同的步驟，其最初方式就是出口經濟。接下來是使公司經營地區化，並參與到當地經濟活動中。現在我們大力推行採購措施，從墨西哥、西歐、中國、亞洲其他國家進行採購。但是，我們真正面臨而且正在參與其中的機遇是人才的全球化，不管是在印度從事軟體開發還是在中國或捷克發掘工

程師資源。真正的挑戰是組織思想的全球化 —— 這至少在美國是個難題。出口貿易好做，因為它不會對你的工作造成威脅。你想讓人才全球化，比如在邦加羅爾建大型實驗室，你一動手就會對組織造成威脅，因為將人才請出家門是件極棘手的事。除非我們真正掌握自己，獲得當地的人才，否則就會有問題。例如，日本在過去的幾年中，雖然經濟發展很快，但沒能抓住全球唾手可得的人才。我認為，那些不惜一切代價找出最佳做法、廣泛收羅人才的公司才真正算得上是全球性的公司。使公司全球化聽起來容易，做起來卻很難，管理公司的人都知道要在國外建實驗室有多難，所以，我認為只有使人才全球化，才能使你的公司走上真正全球化的道路。

在亞洲的印度，傑克・威爾許就彷彿發現了新大陸，印度擁有大量受過高等教育的人，可以很好地承擔許多不同的工作。奇異資融服務公司將它的客戶服務中心搬到了新德里，獲得了令人震驚的成果。比起在美國和歐洲的運作，奇異在印度的全球客戶服務中心品質更好，費用更低，資料獲取率更高，更讓客戶所接受。在印度聘請到從事客戶服務和資料獲取工作的人才，在美國是不可能吸引過來的。在美國，客戶呼叫中心的人才流動性太大，而在印度，這是人人嚮往的工作。

傑克・威爾許認為，印度在軟體發展、設計工作和基礎研究方面擁有大量科技人才，奇異於 2002 年在印度設立一個 3,000 萬美元的中央研發中心，這是奇異在全世界最大的多領域研究設

施，僱用 3,000 名工程師和科學家，這些人才大多來自印度本土。

　　面對 21 世紀，傑克‧威爾許又為奇異提出全球化的終極目標：「全球本土化和本土全球化。」公司不僅能使全球各地的企業實現本土化（使用本地人才），他們能夠融入到奇異文化當中，而這些本地人才成長起來後，當公司需要時，能夠脫離本土，到世界各地，包括去美國工作，以適應全球發展的需求。

　　傑克‧威爾許的接班人伊梅特，在與中國企業家座談時，曾經形象地表達了全球化的工作情景：「對於我本人來說，全球化意味著一年當中有一半的時間都在世界各地進行旅行，意味著對其他國家的員工進行培訓，讓他們到美國去學習，到世界上許多的國家進行培訓，也意味著我將不在乎這個產品是在威斯康辛生產的還是在中國製造的。而且實際上也有可能將生產基地從美國轉移到中國，隨著中國企業的發展，你們也有可能把製造基地慢慢從中國轉移到美國或者歐洲，這是必然的。」

　　智力資源在全球範圍內自由流動以及被共享，將是一個不爭的趨勢。正如傑克‧威爾許在他 1996 年致股東的信中所說：「不斷地分享全世界的經營經驗和文化精髓，將促使企業無論從經營上還是思維上都真正實現全球化。」

　　另一方面，有些人考慮全球化會傷害開發中國家和這些國家的人民，傑克‧威爾許則並不這麼認為，他說：「當你看見那些因為獲得了這些工作機會，生活水準明顯提高，而且兩眼發亮的人們時，全球化給人的感覺從來沒有那麼好過。」

第七章

六標準差：奇異出產，品質保證

　　六標準差的核心是將公司由裡往外發展，讓公司將重點
向外放到客戶身上。

—— 傑克·威爾許

「隱性工廠」的隱憂

企業在競爭中處於優先地位的因素有很多。其中，最重要的因素之一，就是一個使整個組織參與進去，生產一流產品和服務的品質過程。

傑克·威爾許認為，奇異如果想成長為全球最具競爭力的公司，就必須要在「品質」這兩個字上尋求突破，成為靠品質取勝的贏家。因此，1990 年代末期，傑克·威爾許領導下的奇異如果可以用一個詞來形容其本質特徵的話，那就是：品質至上。

傑克·威爾許上任後，一直要求奇異全體職員竭力提高生產效率。然而，1990 年代中期，一直致力於提高生產效率的員工們抱怨說，如果不改進產品生產工序的品質就不能獲得更高的生產效率。他們發現，一件產品出廠之前，在修理和退貨上面要花費大量的時間和精力，這降低了速度，也降低了生產效率。

奇異公司副總裁保羅·弗里斯科曾注意到，為了處理那些退貨或維修的問題，奇異內部實際上已經滋生了一個「隱性工廠」，這個工廠占用資源，卻不對生產力產生實質性的貢獻。他認為，奇異可以提供反覆檢測和修理工作，直至產品可以提供給客戶。但由於浪費的情況和退貨費用的產生，雖避免了品質缺陷，經營成本卻大大提高。人們通常認定高品質勢必造成高成本，事實上，提高生產工序的品質可以降低費用，用正確的方法在第一次工作流程中就生產出高品質水準的產品可以節省許多無用功。

　　起初，傑克‧威爾許以為提高品質的最好或者說唯一的辦法就是依靠速度、簡化、自信的理念。但是，傑克‧威爾許逐漸發現單單依靠這種理念並不理想，他相信需要一些其他的東西。

　　1995 年 6 月，聯合訊號公司的最高執行長拉里‧博西迪（Larry Bossidy）應邀到傑克‧威爾許的行政主管會議演說。他曾任奇異的副董事長，是傑克‧威爾許最親近的朋友之一。1994年時，博西迪在聯合訊號推行一套「六標準差」的計畫，並取得很好的效果。

　　拉里‧博西迪在奇異的執委會上講道：「我毫不懷疑，奇異確實是一家最優秀的公司，想想看，我曾為它工作了整整 34 個年頭。但是，奇異仍然還有許多方面需要改進，才能變得更加優秀。如果奇異決定引進六標準差方案的話，那麼它的品質將變得無與倫比，甚至可以為之著書立傳。」

　　奇異當時的副總裁戴默曼回憶，說博西迪的演說有「真正的內涵」，不只是口號標語，是真正的內涵。

　　而對博西迪十分敬重的傑克‧威爾許顯然也有同感。他的結論是，如果「六標準差」對博西迪是那麼好，對傑克‧威爾許一定也不錯。

　　最能吸引傑克‧威爾許接受「六標準差」的原因，就是它非常重視統計，因此這套「同品質計畫」才不會是個「蓬鬆毛球」，他常用這個字眼來形容奇異先前那些沒有成效的提升品質的努力。

　　傑克‧威爾許漸漸堅定了奇異必須改進品質的信念，最終，傑克‧威爾許提出：「在奇異，品質不再是個單純的口號，也不只是某個月的活動主題，它將是公司的紀律，而且是永恆的紀律，將永遠被堅定地執行下去。」

　　這次執委會會議結束後不久，傑克‧威爾許便指派當時負責奇異業務拓展的副總裁加里‧雷納，去深入研究其他公司是怎樣透過品質行動取得進步的，雷納選中的研究對象是 Motorola 和聯合訊號等公司。

　　1995 年秋天，在決定開始實施品質改進方案之後，傑克‧威爾許邀請六標準差品質控制體系的專家邁克爾‧哈里（Mikel J. Harry）在公司高級職員會議上作報告。哈里談論了「六標準差」方法對於改進品質、改善生產工序的價值。

　　既然決定著手一項嚴肅的品質計畫，奇異就要以奇異方式去實施 —— 異常猛烈的方式，以其獨有的熱情去追求和實現它自己的目標。

　　1996 年 1 月，傑克‧威爾許在佛羅里達州的博卡拉頓舉行的公司高級經理會議上，向 500 位經理宣布，他正準備執行一項旨在改造公司面貌的打破常規的方案。傑克‧威爾許說這項新方案將成為「我們公司有史以來獲取發展、增加獲利能力和滿意程度的最大機遇」。

　　那就是展開「高品質計畫」，當時奇異定下的目標，是在 2000 年時成為「六標準差」的高品質公司。

　　此後，奇異的「六標準差」品質保證體系步入了正軌。正是這一重視品質的理念，為奇異的競爭力備足了後備力。同時，還讓奇異的主管和員工明白了品質競爭力以及與企業的生存發展有著不可分的關係。

什麼是六標準差？

　　六標準差的概念最早由 Motorola 提出，而讓六標準差在短短幾年內成為許多世界級企業爭相投入，作為降低成本、提高競爭力最好方法的功臣則是傑克‧威爾許。

　　六標準差是傑克‧威爾許在所有的奇異改革行動中規模最大也最成功的一次。

　　在商品經濟環境下，「優質」已經成為大多數市場生存下來的一項基本要素，所有的企業都在尋找可以到達「優質」的最佳方案。所以，威爾許找到了六標準差 —— 六標準差不但告訴他如何成功，而且幫助奇異持續發展。

　　那麼，什麼是六標準差呢？六標準差又叫六西格瑪，「西格瑪」是希臘字母 σ 的讀音。在管理上，標準差「σ」被用來衡量品質所達到的等級水準。

　　六標準差是運用統計資料測算一件產品接近其品質目標的程度。六標準差成為奇異的管理標準。如果一件奇異產品或一套生產工序達到了六標準差水準，就代表著其品質已經登峰造極。

在希臘字母 σ 之前的數字，表達著重要的意義。如果 6 等於高品質，那麼小於 6 的數字表示相對較低的品質。

1 個標準差 =690,000 失誤／百萬次

2 個標準差 =380,000 失誤／百萬次

3 個標準差 =66,800 失誤／百萬次

4 個標準差 =6,210 失誤／百萬次

5 個標準差 =230 失誤／百萬次

6 個標準差 =3.4 失誤／百萬次

7 個標準差 =0 失誤／百萬次

六標準差意味著每 100 萬件產品中只有 3.4 件是殘次品，它是作為高品質的水準點而出現的 —— 每百萬次品少於 3.5 件。

實際上，六標準差是用一種數學方法計算每生產 100 萬件產品有幾件殘次品，六標準差是最完美的狀態 —— 或者說是可能達到的最完美的狀態。

六標準差具有如下特點：

1. 六標準差不等同於傳統品質管理方法：六標準差不只關注品質，同時也站在顧客及策略的角度來思考，它有完善具體的架構，也提供應用工具。六標準差最特別也是最吸引全球企業的地方，在於這個名詞本身就具備了相當豐富的內涵。它不僅是願景、目標、方法及工具，同時也是一套明確的管理方式，它讓所有的人更明確要做的、做到什麼

程度。其他品質管理方法都無法提供這些具體的施行辦法。

2. 六標準差的參與者：

A. 執行負責人。六標準差的執行負責人由一位副總裁以上的高層領導擔任。這是一個至關重要的職位，要求具有較強的綜合協調能力的人才能勝任。其具體職責是：為專案設定目標、方向和範圍；協調專案所需資源；處理各專案小組之間的重疊和糾紛，加強專案小組之間的溝通等。

B. 黑帶大師。這些人是全職教練，他們必須擁有過人的分析技巧和傳授及領導能力，他們負責專門指導黑帶。黑帶大師至少需要接受過兩週的培訓。黑帶大師的人數很少，只有黑帶的 1/10，在 2000 年之前，整個奇異總共也只有 500 名黑帶大師。

C. 黑帶。黑帶由企業內部選拔出來，全職實施六標準差管理，在接受培訓取得認證之後，被授予黑帶稱號，擔任專案小組負責人，領導專案小組實施流程變革，同時負責培訓綠帶。黑帶的候選人應該具備大學數學和定量分析方面的知識基礎，需要具有較為豐富的工作經驗。他們必須完成 160 小時的理論培訓，由黑帶大師一對一地進行專案訓練和指導。經過培訓的黑帶應能夠熟練地操作電腦，至少掌握一項先進的統計學軟體。

D. 綠帶。綠帶的工作是兼職的，他們經過培訓後，將負責一些難度較小的專案小組，或成為其他專案小組的成員。一般情況下，由黑帶負責確定綠帶培訓內容，並在培訓之中和之後給予協助和監督。

3. 六標準差適用所有企業流程：六標準差的管理是全面的，而非只是用在產品的流程上。例如將收款或採購的過程規格化，就可以達到六標準差；至於服務時間、公文傳遞及計畫核准時間等作業，只要設定一段時間，也可以加以衡量是否達到六標準差的標準。基於這個原則，所有的企業流程都可適當地量化，加以統計，達到六標準差的要求。

4. 實施六標準差是分步驟進行的：企業推行六標準差有很多的工具和方法，最常見的是一套包括五個步驟的改善程序：定義、度量、分析、改進與控制。透過這些步驟，企業可以大幅降低品質成本，增加盈利。

A. 定義：站在顧客的立場，找出能為公司帶來明顯節省或利潤，並提升顧客滿意度的方案。

B. 度量：衡量目前的情況和客戶需求之間的差距，找出關鍵度量。衡量以數據為基準，所以員工必須接受基礎統計學及機率的訓練，包括測量分析等課程。在剛開始的時候，通常是由具備六標準差實際推行經驗的人來帶領員工進行。

C. 分析：80％的問題通常由20％的錯誤造成。為什麼自己的公司只能做到2個標準差？到底哪裡出了錯？這才是企業主最關心的問題。在這個階段，必須應用許多統計工具探究造成現狀與需求之間落差的關鍵原因，找出影響結果的潛在變數，以及如何加以測量。這也是六標準差當中非常困難的部分。

D. 改進：找出原因之後，下一步的改善階段，將透過腦力激盪、共同討論或是實驗設計等方式，看一件事情在不同指標之下會產生怎樣的結果，依據結果找出最佳參數和迴歸方式，也就是以最佳解決方案來改善現狀。

E. 控制：通常活動在剛進行的時候，總是有聲有色的，但是過了一陣子，熱度退去，又恢復原來的樣子。因此，控制的目的就是要將改善的成果繼續保持下去。

5. 六標準差是一種思考的模式：六標準差是一種態度和思考的模式。沉浸在六標準差原理中的人，常會不由自主地想將生活周遭的事物，用六標準差的方法來加以改善。要讓品質的觀念植入每個人的日常生活是非常困難的，畢竟人們都喜歡過輕鬆的生活，不願意做額外的工作。因此要不厭其煩地對員工進行引導，讓他們了解到，這就是環境，以前品質好像是一個神聖的名詞，現在是基本要求。別人都在做的時候，你不做就無法生存。與其落後

於別人，不如早一點做，才能獲得領先，確保競爭力。在道德勸說之外，制度也是不可缺少的。為了貫徹六標準差管理理念，確保每位員工都能投入，糖果與鞭子永遠是主管不可少的工具。傑克‧威爾許對員工說：「如果不跟著公司的目標一起前進，就另謀出路。」他還要求全球 120 位高級主管為六標準差的成敗負責。他們每年分到的獎金，有 40％ 取決於六標準差的施行成效。此外，六標準差的成功與否還取決於一些重要的外部條件配合，具體來說，在奇異，有以下四種：

A. 主管的支持與參與：「領導者的支持是決定六標準差能否成功的最重要因素，如果領導者自己都不注重品質，不願帶頭執行六標準差，成為一種典範，誰還願意多做額外的工作？」「它幾乎占了成功要素的95％。」傑克‧威爾許說。

B. 必須持之以恆：奇異在改革的第一年就虧損三、四千萬美元，如果當時就放棄，就不會有現在的成績。有些企業每年都變換幾種不同管理方式，這樣做是不會成功的。

C. 要有全職的架構：即使上完課，很多人可能還是不懂，這時完整的黑帶組織，可以牽著所有人的手向目標邁進，而不只是幾個懂得六標準差的人負責解決所有的品質問題。

D. 要有願景：《財富》雜誌對全球 CEO 所做的一項調查
表明，奇異榮獲「全球最受尊崇企業」的第一名，這已
經是奇異連續第四年獲此殊榮。對奇異來說，實施六標
準差的目的就是要成為全球最頂尖的企業，這樣的成
果，又將成為新的動力來源，兩者相輔相成。

奇異與六標準差

六標準差是一種各公司奇異的品質管理方法，奇異從
Motorola 學習、借鑑而來。但奇異以其特有的方式運作它，可
以說六標準差已融化在奇異的血液中，它已經被「奇異化」了。

◆ 傑克‧威爾許親歷親為

1996 年，傑克‧威爾許宣布奇異將要開始六標準差行動，並
預期將在 4 年之內使奇異成為一個六標準差公司。

在專案開始的第一年，員工沒有很重視這個新專案。面對這
種情況，傑克‧威爾許意識到他必須要讓員工非常確切地知道這
個專案是怎麼一回事。更重要的是，他要讓員工知道在這場行動
中要扮演什麼角色。於是，他開始親自推動這個計畫，在各種
會議中談論它，並分發名為「目標和旅程」的小冊子給每個員
工。這個小冊子只有 6 頁，簡要介紹了六標準差。小冊子的內容
傳達了一個重要訊息就是，奇異將投入巨大的資源和時間開展該
專案，身為奇異員工，要麼進行這個專案，要麼離開。

　　1997 年 5 月，傑克·威爾許發布推動六標準差培訓的指令，嚴格要求所有奇異員工必須參加六標準差及其培訓，並且有明確的時間要求。六標準差專案就這樣在奇異如火如荼地展開了。

◆ 卓有成效的嚴格培訓

　　為了實施六標準差，傑克·威爾許提出了對員工的各種要求：重新接受各種有關培訓，能了解並應用六標準差的工具，能利用數據對自己的工作做決策，能清楚地了解自己的工作是如何影響業務量和客戶的，發揮優勢、應用最佳的作業方式以及將指導別人作為每個人的自覺行動，清楚地了解自己的職責與責任。它要求所有人員，包括市場行銷人員和工讀生都採用像工程師那樣的思維和行為方式。所有的工序，包括電話應答，或裝配飛機，都要按照六標準差的要求，出現誤差的可能性都要縮小到百萬分之 3.4 以下，達到 99.9997％的精確度。品質管理不再是那種目標不清、只是籠統地說品質有所改善的實踐，而是根據客戶的要求來確定具體可操作可量化的管理活動，對客戶特別有幫助的專案就會受到高度重視。

◆ 將六標準差工作成果與獎勵制度相連結

　　傑克·威爾許還將奇異的 120 位副總裁級的高管人員獎金的 40％和他們領導的部門六標準差工作的進展連繫起來。他說：「如同所有創意一樣，我們用獎勵機制作支持，並調整了整個公

司的獎勵計畫：獎勵的 60%取決於財務結果，40%取決於六標
準差結果。」

◆ 六標準差並不只是專家的事

在傑克・威爾許的眼中，六標準差方案不是純技術性的，而
應是大眾化的、非常有趣的。六標準差不只是專家的事，而應
融入自己公司的血液中。

就像威爾許所說的：

我們發現，六標準差不僅僅屬於工程師們。實際上，它適
用於任何工種中最好的、最聰明的員工。

工廠經理可以運用六標準差來減少廢物，增強產品的穩定
性，解決設備問題，或提高生產能力。

人力資源經理需要它來減少聘用員工所需的時間。

地區銷售經理可以用它來預測可靠性、定價政策或價格
方差。

同理，管工、汽車修理工和園藝工人可以用它來更好地理
解客戶的需求，調整自己的服務以迎合客戶。

「六標準差」奇異運作實例

下面是六標準差如何在奇異運作的兩個案例，透過這兩個
例子我們能更深入地了解六標準差在奇異的運作過程：

案例一：

奇異照明設備公司的計費系統不能與沃爾瑪超市的採購系

統完全兼容，而後者是奇異最重要的客戶之一。這種情況造成了某種程度的混亂，使支付延遲，並浪費了客戶的時間。

一個奇異的黑帶小組靠 3 萬美元的預算解決了這個問題。4 個月後，誤差降低了 98%。

案例二：

奇異資融公司的員工每年要處理 30 萬通客戶電話，必要時他們會使用語音郵件。儘管奇異的員工總是會回覆，但有時還是慢了一步，客戶已經選擇了其他的公司。

一個由黑帶大師領導的小組組建了起來。他們發現在該公司的 42 個部門中，有一個部門總是能夠在第一時間接聽客戶的來電。於是他們找到原因之後，將方法教給另外 41 個部門，結果為公司帶來了幾百萬美元的額外業務。

◆ 不斷改良的巨大收益

實施近乎苛刻的「六標準差」品質管理策略，使奇異公司的品質管理水準和服務水準都上了一個新臺階，從而贏得了全美最受推崇、最受信賴的公司的美譽，也使公司的效益大大增加。1996 年，奇異公司在與品質相關的節省中得到大約 2 億美元的收益；1997 年，營業利潤率突破了當時被認為高不可及的 15% 大關；1998 年，所節省的費用超過 7.5 億美元，營業利潤率升至刷新紀錄的 16.7%；2000 年再創新高，「六標準差」為公司帶來的收益達到 30 億美元。

從客戶出發，為客戶服務

對於奇異過去不重視客戶服務的情形，有人做了生動的比喻：稱奇異是把臉朝向執行長，把臀部朝向客戶。而六標準差策略恰恰是為了改變這種狀況，將工作重點轉移到客戶身上。

六標準差的核心是將公司由裡往外發展，讓公司將重點向外放到客戶身上。

為此，奇異提出了這樣的口號：

「六標準差：從客戶出發，為客戶服務。」

傑克‧威爾許曾多次鄭重地聲明，品質將是讓客戶滿意的首要的、最重要的指標。只有讓客戶感覺到他們從奇異的產品或服務中所獲得了相應的價值，奇異才能夠真正的成功。

有一次在英國舉行的奇異使用者會議給傑克‧威爾許留下了深刻的印象，也更堅定了傑克‧威爾許「以品質為先」的看法。他激動地對大會發表演講，詳細闡述了為客戶服務的想法：

「六標準差這一奇異未來的希望，既是我們追求的理想境界，也是公司最基本的品質保證。它極大地提高了客戶滿意度，也為我們帶來了成功。同時，它有效地提高了每個人的工作效率，並為我們贏得了更多的客戶。推動我們不斷地追求高標準產品品質的原因，並不是為了奇異自身的利益，而是為了使你們 —— 奇異尊敬的客戶們，能夠更具市場競爭力。奇異品質策略的目標，便是能夠讓你們滿意。我們產品的品質，實質上就是你們的品質保證，就是你們獲得競爭優勢之所在。」

　　六標準差的全面實施為奇異帶來了巨大的效益，傑克·威爾許對結果也感到非常欣慰，但是，他還是經常聽到別人說：奇異的客戶沒有感覺到品質上有什麼區別。

　　為了找到問題產生的癥結，傑克·威爾許去了一趟西班牙，結果他在那裡找到了解決辦法。

　　1998 年 6 月，傑克·威爾許開始考慮聘請一名全職的六標準差副總裁，這是傑克·威爾許作為 CEO 設立的第一個也是唯一的新職位。當時，傑克·威爾許在西班牙的卡塔赫納參觀奇異的一個新的塑膠工廠，以便與皮特·范·阿比倫及其小組一起做專案審查。阿比倫是全球塑膠產品製造經理，已經在荷蘭西部貝亨奧普佐姆的一家工廠裡展現出了六標準差的力量。阿比倫和他的一班人馬透過應用六標準差，在沒有實質性增加投資的情況下將每週 2,000 噸產量翻了一倍，達到每週 4,000 噸。可以說，阿比倫完全掌握了六標準差究竟能產生什麼實際作用，並能夠用最簡單的語言予以解釋。

　　關於為什麼客戶沒有感覺到六標準差所帶來的進步，阿比倫很快便找到了答案。阿比倫的理由簡單地讓包括傑克·威爾許在內的所有人都立刻明白了，六標準差只是關於一個問題的 —— 方差！包括傑克·威爾許自己在內，所有的人都學到過這個問題。但是，誰也沒有按照阿比倫解釋的方法來看待這個問題。阿比倫將平均值和方差連繫在了一起，這是奇異六標準差發展過程中的一個突破。

此後，奇異拋開了平均值，透過壓縮被人們稱做「數值範圍」的東西，把注意力集中在方差上。傑克‧威爾許從客戶需要產品那一天起，數值範圍就在測量方差，無論是這種需求的幾天前還是幾天後。如果能將數值範圍減到零的水準，那麼客戶就總是能夠在他們提出需求時得到產品。

奇異內部的問題是，總是習慣根據一個平均值來測量有多少進步 —— 而平均值只是計算公司整體製造或服務週期，並沒有與客戶連繫在一起。打個比方說，如果公司能夠將交貨時間從平均的 16 天減少到 8 天，那麼很明顯地進步就是 50%。但是，客戶則什麼也沒有感覺到 —— 除了方差和不確定性。有些客戶收到所訂產品時晚了 9 天，而有些則早了 6 天。而當開始應用六標準差和包含數值範圍在內的基於客戶的方法來指導工作時，交貨的數值範圍從 15 天降到了 2 天。現在，客戶確實感受到了進步，因為收到所訂產品的時間更加接近他們所希望的日期了。

雖然這個問題聽起來非常簡單，而且也的確很簡單，但奇異在六標準差開展三年之後才掌握了它。縮減數值範圍對所有人來說都容易理解，並且成為了公司上下各級的「戰鬥口號」。傑克‧威爾許需要的正是要破解六標準差的複雜性。奇異的塑膠業務將他們的數值範圍從 50 天減少到 5 大；飛機引擎從 80 天減少到 5 天；抵押保險則從 54 天減少到 1 天。

現在，所有的客戶都明顯地感覺到了奇異的進步！

此外，數值範圍還有助於奇異集中測量對象。過去，在大

多數情況下，奇異使用的是銷售人員與雙方（客戶和工廠）商談後承諾的交貨日期。而從來沒有測量的是客戶真正想要的是什麼，以及他們什麼時候要。

現在，奇異又向前邁進了一大步。將測量的數值範圍從要求交貨日期到客戶第一次實現收入：CT掃描儀的週期為客戶要求的日期到機器第一次為患者服務；飛機引擎維修車間的週期為引擎從飛機機翼上拆下來到飛機再次上天的這段時間；發電廠的交貨週期則為客戶訂購時間到開始發電的時間。

於是，每一份訂單都附上了客戶啟動日期的標籤，追蹤方差的圖表掛在了所有的工廠裡。這樣，對所有人來說都一目了然。運用這些測量辦法，方差的概念就「活」了，客戶能夠看見、感覺到奇異所做的一切。

六標準差是一種全球奇異的語言：人們對方差和數值範圍的理解與克里夫蘭和路易維爾的人們都是一樣的。因此，奇異進一步擴展了這個創意，用被稱之為「六標準差：從客戶出發，為客戶服務」的口號，讓它直接與客戶見面。也就是說，公司將「黑帶」和「綠帶」帶到客戶的商店，以幫助他們提高業績。

一旦得到了客戶的認可，奇異便取得了效果。2000年，飛機引擎領域在50家航空公司做了1,500個專案，幫助客戶獲獲取2.3億美元的經營利潤。醫藥系統的專案有將近1,000個，為醫院客戶創造超過1億美元以上的利潤。透過將公司內部測量與客戶需求並軌，奇異贏得了更密切的關係和更多的客戶信任。

第八章

21 世紀的目標

　　服務市場之大是我們無法想像的，然而我們仍將繼續製造，因為沒有產品，你只能面對死亡，我們下個世紀（指 21 世紀）的目標是成為一個全球化的服務性公司，同時也銷售高品質的產品。

—— 傑克·威爾許

服務業成為市場潮流

1980 年，也就是傑克・威爾許接管奇異之前，奇異幾乎就是一個純粹的製造型企業。其 85% 的收入來源於生產與製造，而服務業務的收入，僅占總收入的 15%。

雖然奇異一直以來也時常會涉足到某種服務業務，但這些服務型業務充其量也只能算做是奇異主營業務的補充，也就是所謂的「零件維修市場」，或者稱為「售後服務市場」。

最開始，人們只是把服務業看做是豐富奇異業務的手法，僅此而已。但沒過多久，傑克・威爾許以及奇異的執行官們就逐漸意識到，奇異的製造業很難帶動公司進一步發展下去，因為像噴氣引擎這樣大額商品的市場是十分有限的，而家電等小額商品又不可避免地受到來自亞洲的激烈衝擊。

在傑克・威爾許以及奇異的高層領導者看來，公司製造業務的收入所持占有率不斷下降，原因並不是公司的生產與製造出現了問題，而是服務業務的成長潛力實在是大得驚人。

一方面，全球每年對蒸汽引擎或是飛行器引擎的需求成長變化不大。而另一方面，服務業卻具有製造業所無法比擬的優勢：服務業的利潤率一般都在 50% 以上，遠遠高於製造業產品銷售的利潤率。

傑克・威爾許在產品服務領域所看到的這一切都很容易理解。服務業的確有著龐大的收入潛力，不僅成長速度遠遠超過

製造業的成長速度，而且還有非常誘人的利潤率，其利潤率要比產品領域的利潤率高出 50％。因此，傑克‧威爾許決定帶領奇異向服務業轉變，並一語道破天機：「我們涉足服務業，不外乎想多分一杯羹。」

於是，在 1980 年代末，奇異開始服務業的發展。1990 年，奇異服務業的年收入占總收入的 45％，與此前的十年相比，服務業已取得了 30％的成長。而僅僅 5 年過後，也就是 1995 年的時候，奇異製造業的收入比重便再次發生了翻天覆地的變化：從 5 年前的 45％下降到 40％，而與之形成鮮明對比的金融服務業，卻從 5 年前的 25％飛躍到 1995 年的 38％；零件維修業務的比重則穩定地保持在 12.3％的水準。此外，廣播業的比重也占到了 6％。

1994 年奇異公司制定了建立服務機構的策略規範。到 1995 年，第一個獨立的服務機構已經正式成立。奇異資融服務公司的飛速成長以及 NBC 電視網的併入，使奇異公司正逐步由一個純粹的製造公司轉變為更多樣化的公司，而其中的服務成分還在不斷成長。

來看下面一組數據：

1995 年，奇異最具成長力的資融服務公司實現了成長 17％的目標，而飛機引擎部門僅成長 5％，電器部門也只成長了 7％。塑膠部門從 1995 年到 1996 年的收入幅度雖然不大，但實際卻是在下降。從 1995 年至 1996 年，奇異的淨利潤成長了

7.07 億美元，而這其中資融服務公司就占了 57%，計 4.02 億美元，從 1992 年始，它的年利成長平均達到令人矚目的 18%。

推動服務業成長的最大最主要的動力是奇異資融服務公司。1999 年，它為奇異創造了 557 億美元的年收入，占奇異當年總收入 1,116 億美元的幾乎一半。

此外，同時期為奇異做出重大貢獻的還有一個「隱藏的資產」——即奇異已售出並安裝在用的設備庫，它包括 9,000 臺商用噴氣式引擎、1 萬臺渦輪機、1.3 萬輛機車和 8.4 萬件醫用診斷設備主要零件等等。截至 1996 年 10 月，奇異商用設備的售後服務收入已高達 78 億美元，占當年總收入的 11%。兩年之後的 1998 年，該數字則上升到 120 多億美元。

2000 年，奇異各行業的比重格局再次發生重大調整：製造業的比重繼續縮小，僅占公司總收入的 25%；金融服務業則繼續強力攀升，比重再次提高到近 50%的水準；零配件維修業務和廣播業務則包攬了餘下的 25%。2000 年占收入 75%比重的服務業更是為公司帶來近 1,000 億美元的收益。

以上就是奇異公司早期的服務業概況。1997 年，傑克‧威爾許被問及他打算在服務為導向的道路上走多遠？他是不是準備為此放棄某些製造業？

傑克‧威爾許指出，正是客戶的需求才使得奇異走上了以服務為主的道路，「我們之所以提供完整的解決方案，不僅僅

是為了增加我們的銷售額，而是因為那些客戶的確需要這些設備。這就是說，我們將繼續是一家製造並且銷售高科技產品的公司。沒有產品就沒有未來，就會被淘汰。如果我們沒有推出新的醫療掃描儀，那又有多少醫院會關心我們有沒有新的服務呢？這與他們有什麼關係呢？」

由此可以看出，傑克・威爾許並不擔心奇異會因為強調服務業而失去作為一個製造業公司的魅力，他對此毫無顧慮：「如果你由於你的輝煌過去而不思進取的話，你的生命注定要像恐龍一樣。因此在盡量繼承過去精華的同時，你必須不斷進步。固守於 20 年前好東西而不改變，那就意味著失敗。這種情況已在許多公司身上得到印證，而我們則發生了很大變化。這也是為什麼在一個世紀後，我們成為最初的道瓊工業指數成員中唯一尚在的公司的原因。」

奇異，轉型

為了使奇異全面向服務業轉型，傑克・威爾許以及奇異的領導層主要實施了以下四個舉措：

♦ 其一，提供全面服務

在以顧客為中心的理念的指引下，奇異的服務著眼於顧客需求，而不只是關注產品銷售的延伸。由此，奇異建立了大型設備和產品的全面服務體系。

　　案例：1990年代初，由於美國大幅度削減軍費開支和經濟衰退，奇異公司飛機引擎部門面臨著空前的壓力：許多航空公司破產，市場對飛機和引擎的需求日減，而生存下來的航空公司則需要越來越多的服務。

　　飛機引擎部門經過努力，先後與英國航空公司和美國航空公司簽訂了10年期的維護和大修合約，為兩家公司提供全面的服務。依靠這些服務，飛機引擎部門在引擎市場蕭條的1990年代實現了兩位數的成長。

◆ 其二，提供即時服務

　　奇異醫療器械部門有40%以上的收入來自服務業。他們首創對所出售的CT掃描儀、核磁共振儀等提供即時遠端監控服務。

　　案例：1997年，舊金山一家醫院的一臺關鍵的掃描儀在手術過程中出現了故障。遠在法國的奇異維修站透過衛星監控得到了這一消息。經過診斷，維修人員透過遙控重新格式化了該機器的顯示螢幕，從而使手術得以繼續進行。

　　時至今日，該業務部已與世界各地的醫療機構簽訂了長期服務合約，透過先進的全球遠端監控系統，為客戶設備提供每週7天、每天24小時的遠端監控診斷即時服務。

◆ 其三、提供解決方案

　　所謂提供解決方案就是從客戶的需求出發，為客戶提供增值服務。

案例：勞倫斯·傑克森是一家大型汽車塑膠零部件製造企業的總裁，他講述了這樣一個故事：

在過去兩個月，我接待了3個推銷塑膠的推銷員。

第一個推銷員來自某大型化學公司，他能提供許多我們需要的塑膠。他溫文爾雅，對產品的性能和特點非常了解，他一個勁地向我宣傳產品的優點。是的，他的產品的確很好，可是，其他廠商的產品也很好。在供應商眾多的情況下，他能帶給我什麼好處呢？

第二個推銷員與第一個推銷員不太一樣，他對技術很在行，對他的公司信心十足，他不僅能夠提供我們目前所需要的塑膠，而且能提供正在開發的各種新型塑膠。但是，既然你的未來產品會更好，那你就等將來再來吧。

第三個推銷員來自奇異，儘管也是推銷塑膠，但他隻字不提他的產品，而是向我提出了許多問題。如我的設備支出是多少？工廠裡的損失、浪費情況怎樣？在使用現有設備加工過程中遇到的最大問題是什麼？我在運輸和後勤方面的資金投入是多少？我們談得很投機，談了很多有趣的問題。兩個星期以後，他又來了。他給了我一份關於降低我的資產密集度和融資成本的建議書，還建議我如何減少庫房面積，並建議讓奇異的工程師幫助我們使原料使用達到最優化。……我計算了一下，他幫我們節省了很多錢。當然，他拿到了我的塑膠業務，他還將拿到我們在全球的塑膠業務。

◆ 其四、進軍金融服務業和廣播業

到 2000 年，奇異服務業收入占其總收入的 75%。其中各種金融服務占了 50%，廣播業（美國全國廣播公司，NBC）和上述產品相關服務平分了餘下的 25%。

奇異資融已有 27 間子公司，分別經營汽車金融服務、設備融資、商業信用、房地產信貸、金融保險和再保險服務等。

奇異成功實現向服務業轉型的經驗有以下四條：

1. 以正確的理念為指導。按照傑克·威爾許的理念，進軍服務業絕不是以「售後市場」的觀念為基礎，而是建立在以顧客為中心、面對現實的基礎上。

2. 選擇合適人選。就像傑克·威爾許說的，「幾乎與奇異所有其他業務一樣，服務業的成長完全取決於人」。

3. 得益於組織學習。傑克·威爾許承認，向服務業轉型是學習的結果。1997 年，當記者問為什麼奇異這麼晚才想起要在增值服務上做文章時，傑克·威爾許坦然答道：「這需要一個學習過程。如果傑克·威爾許 17 年前就能夠準確地預測到今天的市場形勢，那麼，可想而知，奇異一定會比現在的狀況好得多……奇異是一個不斷學習的組織，我每天也在不斷地學習新的東西。」

4. 透過收購擴大服務能力。在奇異服務業成長過程中，併購發揮了重要作用。從 1997 年到 2000 年，醫療器械部門收

購了 40 家服務公司，動力系統部門收購了 31 家，飛機引擎部門收購了 17 家。奇異在收購了這些公司後，在服務技術方面進行了大量的投資。由於這些投資和六標準差的承諾，奇異才得到了許多大企業的長期服務合約。

第八章　21 世紀的目標

下篇

第九章

傑克‧威爾許的企業家精神

　　如果我不再學習新事物，僅回憶過去而不是展望未來，那麼我一定離開。

——傑克‧威爾許

做不同的事，而不是將已經做過的事做得更好

創新是企業家精神的靈魂。熊彼得關於企業家是從事「創造性破壞」（creative destruction）的創新者觀點，突顯了企業家精神的實質和特徵。一個企業最大的隱患，就是創新精神的消亡。但創新不是「天才的閃爍」，而是企業家艱苦工作的結果。創新是企業家活動的典型特徵，從產品創新到技術創新、市場創新、組織形式創新等等。創新精神的實質是「做不同的事，而不是將已經做過的事做得更好」。所以，具有創新精神的企業家更像一名充滿熱情的藝術家。

傑克・威爾許無疑是一個極具創新精神的企業家。在傑克・威爾許的觀念裡，創新永遠是第一位的。在他看來，任何一家大企業，無論經營的是什麼項目，都要不斷創新，創新是企業發展的動力，那些頑固保守的企業，經過有著輝煌的過去，但失去創新的精神，最終會將一切優勢喪失殆盡，連喘息的機會都沒有。同時他還特別強調，「在開創一件沒有先例的事物的過程中，是要有一定的阻力的，但你必須記住：如果你自信你是對的，就不要放棄，更不要屈從於別人的意志。你可以改變你的上司，或者你可以督促他們去改變，也只有這樣，你的創新意識才能得到最終的結果。」

傑克・威爾許剛開始擔任奇異的 CEO，就雷厲風行的發起了重組行動，這在不同程度上觸動了許多人的神經，甚至還招

來一片罵聲。此後，傑克‧威爾許又發起了遍及整個公司的品質行動，向傳統發起挑戰，同樣引來人們的不解，其中阻力和壓力是可想而知的。但最終的事實證明，他的這些創新行為是對的，這讓一個多少有些疲態的巨型企業重新獲得活力。此後，他為奇異修訂了一個又一個史無前例的發展計畫，他的目的只有一個，那就是用新的創意促進企業的發展。

當然，傑克‧威爾許的大膽創新，帶來的並不總是碩果累累。譬如1983年，奇異投資自動化事業的夢想，就以失敗告終。那家曾被傑克‧威爾許寄予厚望的電腦公司，讓他失望透頂。

奇異於1981年收購了卡瑪電腦公司，當時它是美國市場占有率第二位的電腦輔助設計公司。1982年，它的市場占有率為12%。為了進一步擴大市場占有率，奇異決定降低售價，並在行銷方面進行大量投資。起初，這些方面被證明是有效的，可是沒過多久，問題就出來了。因為新產品的可靠性不夠高，更糟的是，公司最出色的幾個主管及工程師被挖走了。這帶給卡瑪極大的損失，次年，其市場占有率喪失了一半，排名也一下子從第二位下降至第四位。

讓奇異的自動化事業失利的另一個原因是新產品的倉促上市。將花費了巨額研製費用的新產品推向市場，藉以搶占先機，是每一個經營者都會去做的。不過，這種新產品本身還有巨大的缺陷沒有解決就匆忙問世，則可能會前功盡棄。當時奇異推出新型的數位控制機器人，就是由於產品本身還很不成

熟，使整個計畫受損。結果在 1983 年，奇異在這類產品上的虧損高達 1,000 萬美元。

後來的幾年裡，奇異在這方面一直都在賠錢。傑克‧威爾許並不責怪自己的部下，他說：「不要怕冒險，也不要怕失敗。我們選擇了正確的市場，但在產品定位的決策及執行上卻犯了大錯。所有這項事業所犯的錯誤，都經過我的認可。在執行上，管理人員可能在某些時候操之過急。」

創新永遠是需要付出代價的，只要能夠將這種代價控制在一個較為合理的範圍內，那就是可行的。奇異的一位經理在談到傑克‧威爾許這個遭遇失敗的決策時，十分讚賞他的勇氣，也十分欣賞他能迅速撤回不當投資，避免給整個企業帶來更大的損失。傑克‧威爾許承認錯誤的勇氣對奇異的影響很大，這可能是很多企業家都無法做到的一點。

創新絕不是一件簡單的事，首先需要你向習慣提出挑戰。在大多數時間裡，我們都習慣沿著舊有的軌道不斷重複，而不去做更多的思考。對員工來說，按照老闆的指示去完成他交給的任務，一切以最少出錯的方式進行。所以，只有少數能夠堅持創新的經營者，才能在競爭激烈的經濟環境下為企業帶來新活力。

傑克‧威爾許將創新以及由此帶來的困難，當成自己工作的一部分。他明白奇異最大的敵人不是失敗，而是對失敗的懼怕。

傑克‧威爾許不僅自己從沒有停止過創新，而且要求奇異的經理們也要如此，要把自己的每一天都當成開始工作的第一

天，以嶄新的視野去審視你的工作和制訂你的工作計畫，隨時思考，並不斷進行有利於企業發展的創新活動。傑克·威爾許要求他們要經常研究自己的工作計畫，有必要時乾脆重新擬定。只有永遠保持鮮活的頭腦，才不會因因循守舊而停滯不前。

傑克·威爾許要求奇異的所有員工要養成好的習慣，要全身心地投入和關心自己事業的發展趨勢，因為這不僅關係自身利益，也關係整個奇異的生存與發展，他不斷提醒奇異的員工，不要沉迷於過去的榮譽，也不要指望公司自己就會自動營運——就像我們無法指望上一年的輝煌業績會自動延續到下一年一樣。

傑克·威爾許說：「你每天早上都可能會面臨新的情況和問題，昨天重要的問題今天卻可能不再重要，所以你必須每天去適應、去面對。就在剛剛過去的 24 小時內所發生的變化，也許會讓你對昨天剛達成協定的一筆交易，或者剛開始執行的一個方案，做出完全不同的結論。」

在企業界，大多數領導者都不願意改變自己已經做出的決定，因為這樣會給別人留下「朝令夕改」的印象。可傑克·威爾許並不這麼認為，在他看來，只要是有利於奇異，任何決定都可以隨時更改，這同樣是一種偉大的創新。傑克·威爾許告誡那些顧及自己面子的主管們：「向好處改變，對包括你在內的所有人都是有好處的。」

奇異所屬的 NBC 電視網的董事長羅伯特‧萊特（Robert Wright）曾這樣評價傑克‧威爾許：「他有一種神奇的能力，他總是能夠敏銳地洞察到某個行動方案已經不重要，或者已經過時而且效用不斷降低。他使一個公司永遠保持活力與一流的創新能力。在某個策略被充分挖掘利用之後，他總是有能力提出一套新的策略構想來。」

成為學習型組織

關於我們身邊的世界，現代科學所掌握和了解的，不到萬分之一；關於現代科學，我們每個人所能掌握和了解的，恐怕也不到萬分之一。

1990 年，美國管理學家、麻省理工學院教授彼得‧聖吉（Peter M. Senge）的《第五項修煉：學習型組織的藝術和實踐》（*The Fifth Discipline: The Art and Practice of the Learning Organization*）一書出版，正式提出學習型組織理論。「學習型組織」的概念風靡全球，成為現代企業管理理論的重要組成部分。聖吉將學習型組織劃分為五個組成部分：

1. 系統思考
2. 自我控制，自我超越
3. 心智模式
4. 共同願景
5. 團隊學習

　　人生需要學習才能成功，社會需要學習才能進步，企業組織作為人類個體的一種集合，作為人類社會系統的一個組成部分，建立一種學習的文化、成為一個學習型組織，對於企業長期的生存與發展，無疑有著重要的策略意義。

　　當世界變得更息息相關、複雜多變時，學習能力也需要增強才能適應變局。企業不能再只靠像福特、斯隆（Alfred Pritchard Sloan, Jr.）那樣偉大的領導者一夫當關、運籌帷幄和指揮全域。未來真正傑出的企業家，將是能夠設法使各階層人員全心投入，並有能力不斷學習的人。

　　傑克‧威爾許說：「如果我不再學習新事物，僅回憶過去而不是展望未來，那麼我一定離開。」

　　在擔任奇異公司董事長兼執行長的時候，傑克‧威爾許最大的雄心壯志就是把奇異這個百年企業巨人塑造為一個學習型組織、一個思想和智慧超越傳統的新型企業。他說：

　　「多元化公司成為一個開放的、不斷學習的組織是至關重要的。最終的競爭優勢在於一個企業的學習能力，以及將其迅速轉化為行動的能力，可以透過各種途徑學習，比如，向偉大的科學家、傑出的管理案例以及出色的市場技巧學習。但必須迅速地吸收所學到的新知識並在實踐中加以運用。」

　　基於以上的認知，1990 年代中期，傑克‧威爾許開始提倡讓每個雇員相互學習，並向公司外部學習。威爾許經常說，奇異的競爭力核心在於透過商業活動、透過所謂的「無界線的組

織」來共用好主意，他把公司看成一個大本營，共用想法、金融資源和管理人才。

　　傑克・威爾許還重塑了奇異在克羅頓維爾的開發研究所，每年有 5,000 名主管在這裡定期研修，《財富》雜誌稱其為「美國企業的哈佛大學」。在那裡，沒有職務的束縛，可以不拘形式地自由討論。每週都有 100 多名職員在這裡集合，聽取企業生產、經營和管理等方面的課程。

　　在傑克・威爾許好學精神的領導下，奇異領導層變成了一個不斷創新、富有成效的領導團體。他們能進一步推動工作，傾聽周圍人們的意見，信賴別人的同時也能夠得到別人的信任，能夠承擔最終的責任。以傑克・威爾許為首的領導層是奇異構建學習型組織的引擎。

　　奇異公司是一個多元化機構，包括電氣公司、資融服務公司和 NBC 等。外界認為大組織散亂的結合缺乏一致性。而傑克・威爾許則透過倡導「好學精神」的學習理念，使奇異公司的多樣和複雜變成了一件好事。奇異的好學精神消除了部門之間的界線，想法可以在公司內流動，透過共享想法，尋求多種技術的多種運用方式。在部門間保持人員流動，以開發新見解、拓展經驗，從而把奇異的業務部結合在一起，協調後的多樣化比各部門單純疊加更為強大。

　　在傑克・威爾許的領導下，奇異的學習型組織突破了常規，學習的對象不斷擴大，包括：

1. 奇異公司部門內的學習。這種學習方式在非學習型組織裡
   也存在。
2. 奇異各部門之間的學習。例如，奇異航空機械公司學習了
   奇異醫療電器公司的遠距離診斷技術，應用於飛行中的發
   電機，進行遠距離監控。
3. 向聯盟夥伴和競爭對手學習。

在奇異，學習和工作沒有矛盾，無法分離，學習就是工作，
工作就是學習。奇異職員在學習比較中發現紐西蘭的家電生產商
實行了縮短商品週期的「快速反應」方法，並迅速應用到了加
拿大的家電業務中。這也是奇異自信、簡潔、速度原則的展現。

1980 年代中後期，奇異電器向全球大規模擴張，傑克‧威
爾許打破了將奇異電器與世界其他地方公司分隔開來的地理界
線。他在 1989 年透過「聽證會」這一創舉，保證最接近於生
產過程的人享有發言權，為無邊界革新奠定了基礎。這樣，奇
異的各公司之間不僅自由地相互學習，還把最好的想法和實踐
引入所做的每一件事中。這是通向學習型文化和自我實現的關
鍵一步。

此外，傑克‧威爾許還在奇異發動了一場「讓每一個人參與
競爭」基礎上的「群策群力」計畫，鼓勵員工對公司業務中的
弊端，坦率地向上級主管提出自己的看法——這是一種「另
類」的學習。它疏通了內部意見的程序，使包括最高經營者在

內的全體員工透過集體住宿訓練，提出各自問題，尋求解決意見。最終的目的是讓各部門成員都能直接參與確定公司目標、決策及成果。允許員工參與決策使他們更加盡責，大大提高了生產效率。一項針對奇異雇員的調查顯示，「87%的人認為他們的主意很重要，而在 20 年前，這個數字僅為 5%」。

企業文化，企業的靈魂

企業文化，或稱組織文化，是一個組織由其價值觀、信念、儀式、符號、處事方式等組成的其特有的文化形象。

企業文化是企業的靈魂，是推動企業發展的不竭動力。它包含著非常豐富的內容，其核心是企業的精神和價值觀。這裡的價值觀不是泛指企業管理中的各種文化現象，而是企業或企業中的員工在從事商品生產與經營中所持有的價值觀念。

美國學者約翰‧科特（John P. Kotter）和詹姆斯‧赫斯克特（James L. Heskett）認為，企業文化是指一個企業中各個部門，至少是企業高層管理者們所共同擁有的那些企業價值觀念和經營實踐。……是指企業中一個分部的各個職能部門或地處不同地理環境的部門所擁有的那種共同的文化現象。

企業文化可分為三個結構層次，即物質層、制度層和精神層。其中，物質層是企業文化的表層部分，是形成制度層和精神層的必要條件，主要包括廠容廠貌、產品的外觀包裝、企業技術、工藝設備特性等內容。制度層是企業文化的中間層次，是指

對企業組織和員工行為產生約束影響的規範性部分，它集中展現了企業文化的物質層及精神層對組織和員工行為的要求，主要包括企業的工作制度、責任制度和特殊制度等方面。精神層則主要是指企業的領導和員工共同信守的基本信念、價值標準、職業道德及精神面貌，也就是所謂的經營理念。精神層是企業文化的核心，是形成物質層和制度層的基礎和原則。日本著名企業家松下幸之助認為：「一個企業的成功，涉及許多層面的條件和因素，而是否有正確的經營理念，無疑是最重要的一點。換句話說，經營理念居於主宰企業成敗的地位。經營理念對於企業，猶如羅盤對於航海中的船舶，其重要性不言而喻。

從一定意義上說，奇異奇蹟的出現正是緣於傑克‧威爾許在公司塑造的嶄新的企業文化，他的非凡領導才能不僅展現在對「硬體」的管理上，更多地展現在「軟體」上，當然，每一名新上任的公司總裁都是新企業文化的倡導者和推動者。

曾任奇異公司第一任總裁的查爾斯‧科芬（Charles Coffin）建立了層級分明的縱向組織結構，第二任總裁賴斯（Edwin Rice）打破了科芬建立起來的勞資關係和企業倫理，而傑克‧威爾許則打破了前任總裁瓊斯建立的階層制度。傑克‧威爾許實施的一系列變革，使奇異的市場價值從 1981 年的 120 億美元猛增至 1998 年的 3,000 億美元。

可以說，在掌管奇異 20 年的時間裡，傑克‧威爾許一直在探索著、營造著、改革著獨樹一幟的奇異文化。經過 10 年的改

革和調整，在 1980 年代末 1990 年代初，傑克‧威爾許已經完成他的「硬體革命」，他上臺之初所提出的策略目標也已經基本實現。因此，傑克‧威爾許便把主要注意力轉向了如何長期鞏固和強化奇異公司的長期發展，他最終得出了文化因素的結論。

傑克‧威爾許知道，墨守成規、因循 1980 年代的硬體模式想要在 1990 年代獲得勝利是不行的。他說：

「想要獲勝，我們必須尋找使生產力持續成長的關鍵因素……為什麼人們不會對日本或其他亞洲國家的生產力成長極限提出疑問？他們認為，這些國家生產力會持續成長的原因不是我們熟悉的裁員、併購或其他因素，而是來自文化因素。這也就是我們要在 1990 年代制勝所必須把握的關鍵 —— 驅動生產力增加的軟體因素 —— 文化。」

傑克‧威爾許把企業文化視為驅動生產力成長的軟體因素，作為 1990 年代商家制勝的最終動力和關鍵，可見其對企業文化的重視程度。他曾經說過：「文化因素，這才是維持生產力持續成長的最終動力，也是沒有極限的動力來源。」

「徹底改變一些文化因素的意思，就是要超越我們過去所用的激勵措施及一大堆教科書、參考書或工作手冊所談的內容，也要超越一些能把企業起死回生的個人英雄。我們要由漸進的方式轉移至極端的方式，轉移至一項徹底改變的革命 —— 這場革命觸及每一個企業員工每天的活動，以此來增進我們的生產力。」

一個公司的最高領導者所能做出的最大貢獻，在於使價值

觀念體系保持旗幟鮮明並散發出生命力。但是，創立和灌輸一種價值觀念絕非易事，一方面對特定的一家公司來說，建立切實可行的價值觀念體系是十分難得的；另一方面，灌輸這個觀念體系又是令人心力交瘁的。這裡不僅需要有毅力、走很長的路、花很多的時間，更需要策略，那就是深入基層的實踐活動之中的策略。

如果公司的高層領導者沒有這樣做，這種重塑公司文化的努力就只會有五分鐘的熱情，最後必然無疾而終。為了防止這種情況，傑克‧威爾許將奇異的企業文化實踐提升到極高的認知程度，在 1992 年的年度報告中，威爾許說道：「把公司文化的要求變成語言和實踐 —— 它可以改變大家的行為、鼓舞大家反省自己，使大家每天走進大門時感覺到像是在星期一早上開始一天新的工作一樣，這就是奇異公司領導行為的全部含義。不論我們進行多少嘗試，所有一切都將得到回報 —— 這就是他們的建設性意見、他們的動力、他們爭取成功的熱情。」

誠信，一份無價的資產

誠信是企業經營的基石，也是企業家精神的基石，是企業家的立身之本，企業家在修練領導藝術的所有原則中，誠信是絕對不能妥協的原則。市場經濟是法制經濟，更是信用經濟、誠信經濟。沒有誠信的商業社會，將充滿極大的道德風險，顯著抬高交易成本，造成社會資源的巨大浪費。其實，托斯丹‧

韋伯倫（Thorstein Bunde Veblen）在其名著《企業理論》（*The Theory of Business Enterprise*）中早就指出：有遠見的企業家非常重視包括誠信在內的商譽。諾貝爾經濟學獎得主傅利曼（Milton Friedman）更是明確指出：「企業家只有一個責任，就是在符合遊戲規則下，運用生產資源從事利潤的活動，亦即須從事公開和自由的競爭，不能有欺瞞和詐欺。」

傑克‧威爾許曾在不同的場合一而再、再而三地強調奇異對誠信政策的堅定承諾。傑克‧威爾許稱誠信是奇異員工 100 多年來創造的「一份無價的資產」，沒有什麼東西 —— 無論是完成業務指標，還是上級的命令，還是為了客戶服務 —— 能比行為正當、堅持誠信更重要。在 2001 年奇異公司全球高級經理人大會上，傑克‧威爾許向與會的奇異經理們留下十點臨別贈言，其中第一點就是關於「誠信」。

常有人問傑克‧威爾許：「在奇異，你最擔心什麼？什麼事會使你徹夜難眠？」傑克‧威爾許給出明確的答案，那就是誠信，他說：「其實並不是奇異的業務使我擔心，而是某人在某個環節做出了從法律上看非常愚蠢的事，而這些蠢事給公司的聲譽帶來汙點，並且把他們自己和他們的家庭毀於一旦。在誠信上絕對不能有任何鬆懈，誠信講得再多也不過分。誠信不僅僅是法律術語而且是更廣泛的原則，它是指導我們行為的一套價值觀，它指導我們去做正確的事情，而不僅僅是合法的事情。」

他明確告誡員工，誠信是奇異全體員工 100 多年來所創造

的無價資產，如果違反了這兩個字，公司將停滯不前。

傑克·威爾許認為誠信對奇異的成功有著重要作用，他說：「我們沒有警察，沒有監獄。我們必須依靠我們員工的誠信，這是我們的第一道防線。」

作為一家全球性的跨國公司，奇異在100多個國家開展業務，員工的國籍各不相同。為了規範公司的業務經營活動以及員工的行為，傑克·威爾許領導的奇異制定了員工行為準則，其內容包括：

1. 遵守一切適用的、指導公司全球業務經營活動的法律和法規。
2. 處理所有奇異業務活動和業務關係時，要誠實、公正和可靠。
3. 避免任何公私利益衝突。
4. 培育公司內部人人機會平等的氛圍。
5. 致力於保障工作安全，保護環境。
6. 透過各級主管的努力，建立並維護一個人人認同、推崇正直行為並身體力行的公司文化。

在這個基礎上，奇異又制定了一整套誠信制度。在執行誠信政策時，奇異不僅要求自己的員工嚴格遵守，還要求所有代表公司的第三方，如代理、銷售代表、經銷商等承諾使用奇異的誠信政策。

只要接觸過奇異公司，你就會發現，這裡的員工人手一本公司誠信政策手冊。

1987 年，傑克・威爾許在全奇異公司範圍內發放了一本 80 頁的小冊子：《正直：我們責任的精神與展現》。每一名新雇員必須閱讀這本小冊子並在書中附的卡片上簽名（或用電子郵件確認），以證明他們讀過，其他雇員也必須每年讀一遍。在這本小冊子裡，傑克・威爾許這樣表述他對正直的定義：

「正直是我們建立成功企業的基石 —— 包括我們產品與服務的品質，我們與客戶和供應商之間的關係以及我們贏得勝利的紀錄。奇異以卓越的競爭探求為起點，以對倫理行為的承諾為終點。」

所有的奇異員工都被要求親自做出承諾：遵循奇異的行為準則，遵守生效的法規，避免利益的衝突，做到誠實、公正、值得信賴。

傑克・威爾許說：「我不能向這個房間內的任何人保證你不是一個小偷，你沒有偷任何東西或者今早搶了東西。我能肯定的是如果我知道你做了，你將被解僱。我們有這樣的行為準則 —— 我們每個人都知道，如果他做了某些不該做的事，他將被立刻開除。」

每到年末，奇異便會與員工簽署「員工個人的誠信承諾」。這一誠信政策涵蓋了與客戶和供應商的關係、與政府部門的交往、全球性的競爭、公司社區和保護公司資產等等內

容。如誠信政策規定，員工只能透過合法和符合道德標準的方式來開展業務，不得為獲取不當利益而向客戶或供應商提供任何好處。再如，公司要求員工不得從供應商、客戶或競爭者處接收超過一般價值的禮物。奇異還有個特殊的「黑名單」，專門列出那些企圖行賄的承包商或供應商，以提醒每位員工在進一步的接觸中提高警惕。

「沒有什麼東西 —— 無論是完成業務指標，還是上級的命令，還是為了客戶服務 —— 能比行為正當、堅持誠信更為重要。」傑克·威爾許的經驗總結令人深思。

第十章

傑克・威爾許的職場偷吃步

人們都想在生活和工作中有所建樹，如果用積極的心態
面對這些問題，事情總會有解決辦法的。

——傑克・威爾許

什麼樣的工作適合自己

一份偉大的工作能一個人的生活充滿興奮，富有意義，而不適合的工作則會讓一個人的生命趨於枯竭。

傑克・威爾許認為，「合適的工作並不是很好找」，但是只要用心，每個人都一定能夠找到適合自己的工作。

那麼，怎麼樣才能找到一個合適的工作呢？傑克・威爾許給出了自己的答案。

首先，傑克・威爾許認為，在尋找合適工作的過程中，要學會「忍受」。因為，這可能是一個漫長而乏味的過程，其中可能還會經歷很多的磨難。再往後，你可能換工作，也可能不換。不管怎麼說，經歷過了這一切以後，直到有一天，你會恍然大悟 —— 這就是適合我的工作了。

其次，傑克・威爾許認為，任何的新工作，都應該讓自己感到「有所發展，而不是剛好夠用」。這句話就是說，選擇做的工作要有一定的難度，不能是輕而易舉就能完成的，因為那樣的話就永遠無法進步。

再次，傑克・威爾許認為，一定要弄清自己「到底在為誰工作」，很多人在這個問題上犯了錯誤 —— 大多數人陷入了為別人工作的盲點，而不是為自己工作。

最後，傑克・威爾許給出了關於工作是否適合自己的 5 個訊號：

1. 人：你是否喜歡工作環境的人，你能否很好的和他們溝通，真正的喜歡公司，是否可以說，他們的所想和所為與你不謀而合。
2. 機遇：這份工作將使你在人生和職業上獲得進步的機會，你感覺能學到自己原來甚至都不知道應該學習的知識。
3. 未來：這份工作將給你一個表現自己能力的證書，讓你終身受益。這是一個朝陽產業或新興業務。
4. 主導權：你自己能掌控這份工作，或者你知道自己在為什麼樣的人工作，同時對所得感到公平合理。
5. 工作內容：這份工作的內容令人著迷──你非常喜歡，感到有趣、有意義，甚至能觸及你靈魂深處的感受。

除了上面這 5 個訊號，薪水問題在傑克·威爾許看來也是非常重要的。

很多人認為，對於一個剛剛畢業、踏上社會的年輕人來說，最重要的是找一份合適的工作，以鍛鍊自己的能力，至於薪水方面的東西，並不是很重要，這是很多人的觀點。但是，傑克·威爾許卻認為，薪水當然很重要 —— 非常重要。

傑克·威爾許也知道，在不在乎金錢，還是介乎其間，其實都沒有什麼錯。只不過，他奉勸初步踏上社會的年輕人，要聽從自己內心的想法，「要對自己誠實」。意思就是說，在你真的很在乎金錢，或者你正缺錢的時候，不要假裝對薪水無所

謂，而是應該勇敢地說出自己的想法。這沒有對錯之分，而且
誰也無法保證，說出對金錢的真實想法會對未來沒有好處。

　　當然，傑克‧威爾許也非常反對只為了薪水而工作的態度。
只為薪水而工作讓很多人缺乏更高的目標和更強勁的動力，也
讓職場上出現了幾種不正常的現象：

1. 應付工作。他們認為公司付給自己的薪水太微薄，他們有權
   以敷衍塞責來報復。他們工作時缺乏熱情，以應付的態度對
   待一切，能偷懶就偷懶，能逃避就逃避，以此來表示對老闆
   的抱怨。他們工作僅僅是為了對得起這份薪資，而從來沒想
   過這會與自己的前途有何關聯，老闆會有什麼想法。

2. 到處兼職。為了補償心理的不滿足，他們到處兼職，一人
   身兼二職、三職，甚至數職，多種角度不停地轉換，長期
   處於疲勞狀態，工作不出色，能力也無法提升，最終謀生
   的道路越走越窄。

3. 時刻準備跳槽。他們抱有這樣的想法：現在的工作只是跳
   板，時刻準備著跳到薪水更好的公司。但事實上，很大一
   部分人不但沒有越跳越高，反而因為頻繁地換工作，公司
   因怕洩露機密等原因，不敢對他們委以重任。由於他們過
   於熱衷「跳槽」，對工作三心二意，很容易失去上司的信
   任。

　　所以，傑克‧威爾許認為，一個人在找工作時不能不考慮薪

水問題，但也不能單純以薪水為標準，傑克·威爾許指出，一個人若只是專為薪水而工作，把工作當成解決麵包問題的一種手段，而缺乏更高遠的目光，最終受欺騙的可能就是你自己。在斤斤計較薪水的同時，失去了寶貴的經驗、難得的訓練、能力的提升，而這一切較之薪水更有價值。

攸關升遷的七大因素

職業晉升是事業發展成功的主要標誌，如何獲得晉升，雖然能夠晉升的原因千差萬別，但是在傑克·威爾許看來，應該有一些奇異的原則，如果做到了這些，應該就具備了晉升的條件。

當然也許很多人會說，企業是一個複雜的社會系統，有能力、有業績並不一定能夠獲得晉升，有的時候關係、運氣也發揮了很大的作用，甚至在一些環境裡面，會產生主導作用。所以傑克·威爾許也承認，「一個人怎樣才能獲得晉升，第一答案是運氣，任何職業，不管看起來有多麼照本宣科，但都要受某些純運氣因素的影響」，但是運氣在一個人的長遠的職業發展過程中，所產生的作用遠遠沒有其他因素的影響大。

那麼，這些其他因素有哪些呢？傑克·威爾許認為以下七個因素可以在很大程度上影響一個人職業發展。

◆ 因素一：要交出動人的、遠遠超出預期的業績；在機遇來臨的時候，要勇於把自己的工作責任擴展到預期

的範圍之外

這就是說，晉升要靠業績說話。業績在一定程度上代表了你的實力，所以憑業績說話就是憑實力說話。有了令人嘆服的業績和實力，晉升就有了堅實的基礎。如果說業績主要反映當前的實力的話，那麼能夠把工作責任擴展到預期的範圍之外，這往往代表了你的發展潛力和大局觀，這與那些只知自掃門前雪的人相比，其氣度、眼光和潛力無疑更勝一籌。

◆ 因素二：不要麻煩你的老闆動用政治資本來幫助你

你有了令人驕傲的業績和過人的實力，但如果以此自恃自誇自傲，孤芳自賞，那也是要不得的。傑克・威爾許指出：「如果說超出別人的期望是獲得晉升的最有效的辦法，那麼破壞你自己最有效的辦法就是在自己的組織裡面當問題人物。」所謂當問題人物，就是你不認同企業的價值觀，缺乏團隊合作精神，表現出過強的職業晉升欲望——即玩弄陰謀詭計、投機取巧，詆毀自己周圍的人，侮辱和貶損其他同事，只為自己一枝獨秀；掩蓋自己的失誤，甚至嫁禍於人；在會議中誇誇其談，把團隊的成績歸功於自己，不斷搬弄辦公室的人物是非；把公司組織當成人事鬥爭的棋盤，公開地表示幸災樂禍等等。對此，傑克・威爾許告誡：「如果你也有這些毛病，那最好是克制它、戰勝它，把它逐出腦海。」要不然，當提拔你的機會來臨的時候，就不會有足夠的政治資本來挽救你。即使公司裡有你

的人，他也難以冒犯眾怒，在同僚的一片反對聲中保薦你的晉升。即使你是「車」，他也會棄車而保「帥」（自己）。

♦ 因素三：處理與下屬的關係時，要像對待老闆那樣認真

傑克·威爾許認為，在處理老闆（上級）與下屬的關係時很容易掉進兩個陷阱，這可能摧毀你的職業前途。第一個陷阱是你對自己的上級花費的精力過多而遠離了自己的部下，喪失了下屬的支持與愛戴；第二個陷阱是你與自己的部下靠得太近，跨越了邊界而失去了老闆的尊嚴。

這兩個陷阱，在臺灣企業或組織裡也是普遍存在的。有些上司注重「密切聯繫上級」，而忽視「密切聯繫同事和下屬」這一優良作風的發揚，當提拔機會來臨時，因大眾不滿意、不贊成、不擁護，而不得不動用朝裡有人的政治資本，即便僥倖過關，也大大增加職業生涯中政治上的風險。一旦有風吹草動，就會出現牆倒眾人推、樹倒猢猻散的局面。至於下屬擁護、大眾支持而上級不欣賞的情況也有，這要透過與上級的溝通去克服。如果缺少上級或老闆的信任與支持，你將失去晉升的許多機會，古今中外都是如此。因此，與上級之間建立相互信任、尊重的關係也是不可偏廢的，「犯上作亂」更是要不得的。

♦ 因素四：要在公司的主要專案或者新專案上早點做出成績，吸引大家的關注

　　這可以看作是對因素一的進一步補充和深化，即快出成績，出好成績。傑克‧威爾許認為，這是提高自己知名度的辦法。「在公司號召大家參與重要專案或者新專案的時候，率先把手舉起來，尤其是那些一開始並沒有被大家所看好的特殊專案。」在中國古代，這叫毛遂自薦。

　　靠早出成績、出好成績引起大家關注，提高自己知名度，要切忌嘩眾取寵。在「槍打出頭鳥」的不良文化裡運用這種策略，一要有足夠的勇氣，二要有足夠的自信與實力，三要靠經得起考核的業績，具備了這三點，可當仁不讓地率先舉手自薦，這或許可看作是快速晉升的一條捷徑。

◆ 因素五：要學會尋找良師益友，因為誰是有幫助的師友從表面上看不出來

　　傑克‧威爾許以親身經歷告訴人們良師益友對他一生成長的重要性。他在尋找良師益友時不拘一格，有典型的年紀較大、精明能幹的經理人，也有比他年輕的同事；有的是他的老闆或上級，有的則是他的部屬或下級；有的師生關係維持一生的時間，有的只不過幾週的時間；有的是具體的某位先生或女士，有的則是大眾傳媒的財經媒體。他說，在他的人生中，有數不清的導師幫助過他的成長，導師無處不在，最好的導師是在沒有任何計畫和規定的情況下輔導你的人，財經媒體也可以是提供幫助給每個人的優秀導師。傑克‧威爾許強調，不管是以哪種形式尋找的良師益友，你都應該好好吸收他們提供的養分，並

且對於自己所讀到和學到的東西，要盡可能地付諸應用。

尋找良師益友的精神，就是好學的精神。學無止境、學而不厭、不恥下問、學而能用，這種學習作風的累積就形成一種晉升的內在動力和競爭優勢，形成一種可承擔更大範圍工作的舉重若輕的內功實力。身為中層管理者，這種處處留心皆學問的態度與行為，既是勝任本職工作之必需，也是提升自己的能力、擴展職業範圍之必需。自以為是，尤其在下級、年輕者、地位卑微者面前自以為是，「老子天下第一」的態度和行為，既縮小了學習的範圍，也會在一定程度上阻礙自己前進的步伐或晉升的道路。

◆ 因素六：要保持積極向上的態度，並且感染他人

傑克‧威爾許認為，要想獲得提升，一定要保持積極的心態、樂觀向上，並以此感染你周圍的人。因為即使你身為中層管理者，生活並不總是如意，工作也並不總是如意，但無論在生活或工作中遭受何等重創，你都要有「我可以」的精神，這不是把「哭臉裝成笑臉」的策略，而是一種發自內心的堅定信念與態度。

身為中層管理者，僅自己有這種積極向上的態度獨善其身還遠遠不夠，一定要以自己積極向上的態度與行為感染自己周圍的人，「在和大家相處中感受樂趣，不要成為讓人討厭或者無趣的人，不要自以為清高或者華而不實。如果你太把自己當

回事，那就該敲敲自己的腦袋。」

「如果你不是一個樂觀積極的人，那麼要獲得提升也將變得非常非常困難。」傑克・威爾許斷言。

◆ 因素七：不要讓挫折把自己打垮

傑克・威爾許認為，人的一生中，「可能會有一次、兩次甚至多次，你失去了得到提升的機會，但千萬不要讓自己洩氣」。當你失去提升機會時，雖然感覺很糟糕，甚至苦澀和憤怒，但你要做的事只有兩件：一是不要讓你的挫折在辦公室裡或同事中搞得路人皆知，發牢騷也只能回到家裡或者非常私人的地方。二是「即使你打算離開現有的公司，也應該盡可能優雅地接受自己的挫折，甚至把它當作是需要重新證明自己的挑戰。這樣的態度對你才是有益的，無論你去還是留。」

以上是傑克・威爾許關於職位晉升的七大要點，除此之外，傑克・威爾許還特別指出「你首先要有渴望晉升的欲望」，不過，因為想取得晉升的欲望幾乎人人都有，故傑克・威爾許並沒有對此做過多的討論。

上司太糟糕，我該怎麼辦？

傑克・威爾許告誡人們，優秀的上司可以成為員工的朋友、導師和夥伴，可以優化員工的職業生涯。相反，一個糟糕上司卻可以扼殺你。

　　那麼，如果遇到糟糕的上司又該怎麼辦呢？

　　對於這一點，傑克‧威爾許也給出了自己的答案。傑克‧威爾許指出，不管你覺得多麼的憤怒和痛苦，你都不能讓自己表現為一名無辜的受害者，這種心態可能會令你變得自暴自棄。你要做的應該是接受、改變或者終結。

　　而要做到這一點，傑克‧威爾許認為，你首先需要問自己如下一系列問題。

　　第一個問題是：為什麼我的上司為人如此糟糕？

　　或許你的上司就是這樣的個性。但如果你的上司只找你一個人的麻煩，那就應該能確定他對你的態度或業績抱有成見。也許你沒能完成訂單，也許你太喜歡吹噓自己，也許他並不真的「同意」你的某些做法……同時，你還要檢查一下自己對待上司的態度。也許你天生就厭惡受制於人，而這就是你和上司之間關係緊張的根源。

　　如果你在自己身上找不到什麼特別的問題，那就要想想你的上司心裡到底在想什麼了。

　　這時，應該和他進行一次誠懇的交談，沒別的辦法。記住，你的目的是找出他對你的態度和業績的疑問。如果上司能明確指出你的缺點，你就可以有針對性的改善自己，他對你的態度也會隨之改變。如果你發現上司對你的業績還算滿意，那麼唯一可能的情況就是他只是不怎麼喜歡你而已。

　　第二個問題是：你所要面對的問題就是這種糟糕的上司會

有什麼「下場」?

　　如果你的糟糕上司有著出色的業績,儘管他的管理不那麼高明,但他還是很可能在自己的位置上保持很長的時間。對於各個層次的上司來說,這都是個兩難問題 —— 一邊是下屬的抱怨,另一邊是誘人的業績。通常,出色的業績還是有可能讓一個上司無限期地做下去的。

　　如果你遇到的情況就是如此,那你接下來要問的就是第三個問題:如果我繼續做出好的業績,也繼續忍受這樣的上司,又會得到什麼?

　　如果你認為你上司的上司,或者同事都能理解你的難處、同情你,那你就應該相信,總有一天自己將獲得提拔,或者另有任用,以此作為你堅持下去的理由。在你等待的時候,應該繼續努力,繼續貢獻自己的所能。

　　但你也不能疏忽大意。由於對未來的回報感到不確定,你很可能做出蠢事來,比如偷偷地向你上司的上司告狀,那可能等於自殺。99%的結果是,打上司的小報告最終將傷害你自己。大老闆或許會把你的匯報記在心裡,責備你的上司的行為。但是你以後一定會發現,自己的日子將更加難過。

　　在忍受一位糟糕上司時,總要面對某些不確定的情況,唯一能夠確定的就是每天的工作並不令人愉快。如果你發現這一切不會在短時間內有所改變,你就需要重新考慮一下自己的選擇。

　　所以,傑克‧威爾許指出,你還需要問自己第四個問題:我

為什麼還要在這裡工作呢？

　　人們很難找到一個十全十美的工作，有時你是為了生活或者價值的展現，有時你是為自己所熱愛的工作本身。

　　如果那個糟糕的上司能夠實現你的人生價值，你也理解並且接受，那就別逞口舌之能或者搞些不入流的小動作。好好工作，你不能再把自己當成受害者，一旦你擁有自己的選擇，就要同時承擔後果；如果不值得，那就該著手準備一個退出計畫，有風度地告別。在你開始自己的下一份工作時，要記住原來的上司為什麼讓你討厭，你對他的感受如何 —— 有朝一日當你成為別人的上司，就要引以為戒。

　　在工作和生活中，我們主觀上不希望遇到「糟糕的上司」，但又有可能無可避免地遇到「糟糕的上司」。但我們也不要難過，雖然無法改變「糟糕的上司」，卻可以改變自己，至少可能改變自己的認知和看法，改變自己的態度和看待問題的角度。這樣，即使「糟糕的上司」還未離你而去，但也許你的心境就會好多了，也許你的上司就不會那麼「糟糕」了。

在工作與生活之間取得平衡

　　「工作是一個橡膠球，你把它丟在地上，它還會彈回來。但是另外四個 —— 家庭、健康、朋友和精神是玻璃球，如果你把其中任何一個丟在地上，他們將不可避免地磨損、打上印痕、甚至支離破碎。他們永遠都不會一樣。你必須懂得那些，並且

致力於你生活中的平衡。」

這是可口可樂執行長布萊恩‧戴森（Brian G. Dyson）的一段經典名言。

當然，在今天這個瘋狂發展的世界，找到工作和生活之間的平衡點，並不是一個簡單的任務。在工作上花費更多的時間，就意味著你會錯過提升個人生活品質。另一方面，如果你面對著個人生活中的諸多挑戰，照顧年事已高的父母，為婚姻問題所困，或者金融危機，那你將很難全身心的投入到工作中。

無論你專注於工作的時間是過多還是過少，當你感覺到你的工作和私人生活不和諧時，就會產生壓力。

有關工作與生活的話題，一直在被人們討論，也有不少好的經驗被總結出來，那些非常老練的職場人士們都清楚地知道這些技巧，很多人也開始採納它們。傑克‧威爾許將這些經驗坦誠布公地說了出來，並希望相關人士能予以借鑑。

以下就是傑克‧威爾許的一些經驗之談：

◆ 經驗一：不要過多預定

對於人們來說，在一個工作日塞進盡可能多的工作是不正常的。關鍵是：事情的發展往往不是按照預先的安排。這意味著大量的時間浪費在無法履行的約會、不會回覆的電話以及其他不會發生的事情上。傑克‧威爾許建議人們，不要嘗試計劃做太多的事情，假定你今天打算做的事情只有50％能夠完成，那你會把

有價值的時間浪費在尋找事情為什麼沒有發生的原因上。

◆ 經驗二：分清主次

在傑克‧威爾許看來，高效利用時間的祕密是，清楚地知道那些事情是重要的，哪些事情是可以暫緩的。但是關鍵是把最鋒利的刀刃用在發現事物的本質上。學會提問，可以幫助你確定事情的緊急程度，在談判之前，要有足夠長的考慮時間，不要落入「即時回答」的陷阱，把所有事情都置於最高的優先級別只會耗盡你的精力。

◆ 經驗三：訂定計畫

傑克‧威爾許建議，習慣性地反思你一週之內做的每一件事情，包括工作相關的和工作無關的活動。決定什麼是最重要的，什麼是你最滿意的。刪除你不喜歡的活動，任何時候都不要內疚。如果你沒有做出某些決定的權利，就和你的上級商談。

◆ 經驗四：利用選擇權

傑克‧威爾許認為彈性的工作環境也許能夠減輕你的壓力，同時可以釋放你的一些時間。遠程合作、共享工作、可伸縮的工作時間或者一個壓縮的工作週，都是潛在的選擇。

◆ 經驗五：管理好時間

對於如何管理時間，傑克‧威爾許給出了自己的一些小竅

門：有計畫地完成你的家務事、一次出行完成所有的跑腿任務，是你能夠節省時間、獲得更大樂趣的兩個方法。同樣的，嘗試制訂一個包括重要日期的家庭日曆、一個需要做的事情的每日清單，這會幫助你避免在面臨最後期限時手忙腳亂。並且，如果你的上司提供給你一個關於時間管理的課程，不要錯過。

◆ 經驗六：學會說不

高效時間管理的一個最大的層面是，意識到你不必同意所有的事情、答應所有的人。以你自己的標準，利用你的權利鑑別哪些事情是不值得你花費時間的。傑克‧威爾許認為，你應該學會，對一件事情說不的同時，對其他的事情保留說是的餘地。做到這些，意味著你可以暫時把桌子上的東西清理掉，小憩一下。

◆ 經驗七：合理組建

傑克‧威爾許認為，排列好你的時間，不僅僅是一個時間表的問題，如何操作將具有決定性的意義。這意味著你要把每一個元素，都盡可能的組建成一個順暢的工作流程。在你的事務裡，每一件事情都按照邏輯進行系統的設置，因此，任何人需要任何東西的時候，都可以很快的找到它。排除混亂，將會為你每年節省 240 到 288 個小時，這是一份美妙的禮物。

◆ 經驗八：利用技術

　　傑克‧威爾許指出，儘管個人習慣和經驗可以在時間管理方面獲得成效，但請不要忽視技術因素，在你的日常工作中，你可以把技術作為另一種武器，充分利用它能讓你獲得最高的效率。比如，一些軟體可以幫助你整理大量的使用者和產品細節，允許你方便快捷的存取。

　　最後，傑克‧威爾許指出，你需要用心去發現工作中的平衡點。成功固然值得喝彩，但失敗也不要喪失鬥志。生命是一個過程，同樣是一個為生活與工作的平衡而奮鬥的過程。

第十章　傑克‧威爾許的職場偷吃步

第十一章
傑克・威爾許的「真面目」

照我說的那樣做，但不要學我。

—— 傑克・威爾許

傑克・威爾許的婚姻生活

　　傑克・威爾許被眾多企業家奉為「全球最偉大的 CEO」，他的管理藝術也被企業界奉為「管理聖經」，不過，可能很少有人知道，年輕時的傑克・威爾許也是個熱血青年，做什麼事情全憑一時之幹勁。也正是這股幹勁讓爭強好勝的他邁過了學業上的一道道難關，20 歲出頭，他便開始攻讀伊利諾大學化學工程博士學位。

　　1958 年復活節前夕，信奉天主教的傑克・威爾許到學校肅穆的教堂做彌撒。無意間，傑克・威爾許發現自己身邊站著一位非常美麗的女孩子。正值青春年少的傑克・威爾許馬上被這個女孩子吸引住了，這個女孩身材修長，端莊恬靜，而最令傑克・威爾許難以忘懷的是她漂亮而毫不張狂。於是，一見鍾情的傑克・威爾許開始四處打聽這個女孩的姓名、來歷。終於查清楚了：女孩子芳名嘉露蓮，以優異的成績從馬里塔學院（Marietta College）畢業，已經獲得伊利諾大學每年 1,500 美元的獎學金，當時正在這所大學攻讀文學碩士學位。聰明的傑克・威爾許這次沒有衝動，而是將相思之情深埋心底，開始制訂周全的「求愛計畫」，力求萬無一失。或許是緣分天注定，傑克・威爾許朝思暮想的機會很快來了。有一天，傑克・威爾許的幾個好朋友決定聚一聚，讓傑克・威爾許激動得差點跳起來的消息是：其中一個朋友將邀請嘉露蓮參加這個聚會！

　　聚會地點是在一個普普通通的酒吧裡，傑克‧威爾許早早落座。而令傑克‧威爾許魂牽夢繞的倩影如約而至，美麗的嘉露蓮一踏進酒吧，便吸引了所有在座者的視線，傑克‧威爾許更是緊張得差點碰倒桌子上的香檳酒杯。傑克‧威爾許鼓起勇氣，向嘉露蓮走了過去：「你好，我叫傑克‧威爾許，很高興認識妳。」他們就這樣認識了，而在傑克‧威爾許的愛情攻勢下，嘉露蓮很快接受了他，從此兩人形影不離。相識一年後，他們走進了婚姻的殿堂。

　　剛投入職場的傑克‧威爾許薪水並不多，可即便如此，嘉露蓮依然覺得自己很幸福，能和自己最愛的人在一起，其他的一切對她來說已經不是那麼重要了。她不斷鼓勵丈夫相信自己的能力，專心工作，其他的一切都由她來處理。可以說，傑克‧威爾許在事業上的不斷成功，至少有一半功勞應歸功於當時嘉露蓮的鼓勵和支持，她是一位非常稱職的妻子。

　　傑克‧威爾許在奇異公司越來越成功，他越發賣力，簡直變成工作狂，漸漸地，工作成了他生活的中心。而含辛茹苦承受著繁重的家務，往日那個活力四射的漂亮女郎已變為平庸的家庭主婦。儘管嘉露蓮一次又一次提醒傑克‧威爾許，家是他們兩個人的，但傑克‧威爾許把她的話當成了耳邊風。終於，傑克‧威爾許感覺自己的婚姻好像發生了某些變化。因為漸漸地他感覺到現在的他與嘉露蓮之間除了友誼和相互尊重之外，好像再也沒有其他維繫感情的東西了。婚姻到了這一步，已經精疲力盡

的傑克‧威爾許和嘉露蓮只好選擇友好地分手。1987 年 4 月，這段維持了 28 年的婚姻被畫上了個不圓滿的句號。

傑克‧威爾許在一夜之間發現自己又變成了單身漢。與以前不同的是，這時他既有錢、又有地位，所以圍繞在他身邊的女人很多，但這些人的動機也讓他感到擔心。傑克‧威爾許的朋友們都為他著急。傑克‧威爾許私下也曾徵求過多人對婚姻的看法，希望從中吸取教訓，其洗心革面的姿態終於感動了好朋友沃爾特‧里斯頓夫婦。於是，里斯頓夫婦決定替他當月老。1987 年 10 月，傑克‧威爾許與女律師珍及里斯頓夫婦在一家義大利餐廳共進晚餐。傑克‧威爾許一直正襟危坐，好像在傾聽珍的每句話，全然沒有董事長或總裁的架勢。珍出生在一座小鎮，童年的生活非常艱辛。後來，她上了法學院，畢業後成為一名公司併購方面的律師。傑克‧威爾許覺得珍聰明、堅定、風趣，雖然比自己小 17 歲，但那並不是什麼問題。只是，身為一個事業有成的名人，傑克‧威爾許越來越覺得他需要一位全職伴侶，一位願意遷就他的日程並能陪伴他作商務旅行的伴侶。珍申請了休假，先陪著傑克‧威爾許做了一段時間的嘗試。最終，她決定將陪伴傑克‧威爾許作為自己的全職工作，這讓傑克‧威爾許覺得自己很幸福。1989 年 4 月，也正是在傑克‧威爾許和前妻離婚滿兩年的時候，他和珍在南塔克特島的家中舉行了婚禮。在隨後的幾年裡，珍讓傑克‧威爾許在事業上與家庭中的生活趨於完美。

　　吃苦耐勞的珍讓傑克‧威爾許首次嘗到了美滿婚姻的滋味。可是珍做夢也沒有想到，從奇異 CEO 的位子上退下來的傑克‧威爾許竟然會移情別戀。

　　彼時傑克‧威爾許剛退休不久，過著閒散舒適的生活，就在這時，一位美麗又有才氣的女子 —— 時任《哈佛商業評論》總編的蘇西‧韋特勞弗（Suzy Wetlaufer）悄然出現在傑克‧威爾許的生活中。威爾許和小他 24 歲的蘇西迅速墜入愛河。但可能他們沒有想到，傑克‧威爾許的妻子珍並不是個容易應付的女子，要知道，珍在嫁給傑克‧威爾許之前可是一名律師。

　　威爾許和蘇西的甜蜜愛情顯然激怒了珍。這段戀情曝光後，威爾許表現得出奇大膽，對事情供認不諱。珍見事情已無可挽回，決定離婚，並提出了巨額的補償要求。

　　這是一場折磨人的「財富」官司，珍使出各種殺手鐧來迫使傑克‧威爾許就範。最後，珍使出重招，要求法院透過法律途徑調取奇異有關傑克‧威爾許退休待遇的文件，從而對傑克‧威爾許的實際資產狀況做出客觀真實的評定，以便合理分配兩人的婚後財產。珍對法庭說，她的丈夫傑克‧威爾許在與前《哈佛商業評論》總編輯蘇西發生婚外情後，傑克‧威爾許與她分居。她每月只能拿到 3.5 萬美元的生活費，遠遠無法讓她維持過去13 年間和傑克‧威爾許在一起的生活水準。她還拿出證據說，傑克‧威爾許曾以 6.8 億美元的身價位列《富比士》富人榜第376 位。

　　最厲害的是，珍隨後乾脆將奇異也扯了進來，把離婚事件升級為奇異公司的財務醜聞。

　　珍不惜請來美國頂尖的律師來調查離婚案。頂尖律師最大的本事就是能將普通的家庭案件「炒作」成家喻戶曉的重大醜聞。珍的律師發表了一份文件，這份文件曝光了傑克‧威爾許奢華退休生活的內幕和個人財務細節。關於傑克‧威爾許的財富隱私，我們會在後文作詳細介紹。

　　經過一年多的法庭拉鋸戰後，傑克‧威爾許終於架不住媒體和前妻的狂轟濫炸，兩人在開庭之前達成庭外和解協議。傑克‧威爾許向前妻支付 1.8 億美元的過失補償費。除了這筆巨額補償費之外，傑克‧威爾許還做出了其他讓步，包括要求奇異公司把他在曼哈頓的一棟豪華公寓的鑰匙交到珍的手中，而這棟豪宅是傑克‧威爾許兩年前從奇異公司退休前作為退休補償獲得的額外待遇。如果他沒有在 60 天之內交出鑰匙，那麼，他就得向前妻追加補償費 1,500 萬美元。

　　這次離婚事件過去之後，傑克‧威爾許的生活恢復了往日的平靜。傑克‧威爾許終於可以享受一下新的生活了。他在 2004 年和比自己小 24 歲的蘇西結婚後，他陶醉而滿足地對媒體說：「我幾乎擁有一個夢幻般的生活。」

傑克・威爾許的多重身分

傑克・威爾許在遭遇婚姻和財產風波後並沒有消失匿跡,這個挫折被證明只是暫時的,在經營企業時,傑克・威爾許以在問題形成之前就將其解決而著名,而現在,他要解決自己的問題了。

他成了最受追捧的顧問、作家以及商業人士之一。傑克・威爾許在《國際先鋒論壇報》解釋說,已經使自己成為一個獨立的品牌:「如果傑克・威爾許 LLC(他所成立的顧問公司)上市的話,會達到一個新高。」

傑克・威爾許保持著旺盛的精力,他使奇異公司成長為商界巨人。據估計,傑克・威爾許的年收入超過 1,000 萬美元,大多數還是來自非固定收入。傑克・威爾許有多種身分:作家、G100 的付費顧問(這是一家高級 CEO 俱樂部,每年碰面兩次)、演說家、大學教授(麻省理工學院教授)、《紐約時報》和《商業周刊》特約專欄作家。

我們來著重了解一下他的作家身分。

傑克・威爾許的退休生活開始似乎進行得非常順利。但是,他不滿足於在美國頂級高爾夫球俱樂部 Augusta National 裡和巴菲特、葛斯納這樣的世界 500 強企業老闆、CEO 或者是前老闆、前 CEO 們、美國前國務卿、前國防部長等名流政客們一起打球聊天,他寫作出書,滿世界的演講賺美金。這些讓他再次

得到人們的尊敬，也讓他感受著生命中殘留的光芒。

2001 年，傑克‧威爾許推出了他的第一本書 ——《傑克‧威爾許自傳》（*Jack: Straight From the Gut*）。憑藉傑克‧威爾許在商業上的輝煌業績和人們對「20 世紀最偉大 CEO」的好奇與尊敬，這本自傳的銷量超過了 270 萬冊。傑克‧威爾許在這本書中主要回顧了自己的成長經歷及成功經驗，270 萬冊的銷量帶來了高達 710 萬美元的收入 —— 據說傑克‧威爾許把這項收入捐給了慈善機構。

傑克‧威爾許並沒有停下自己忙碌的腳步，他在退休後不但樂於為各界商業菁英們出謀劃策擔任顧問，還馬不停蹄地在世界各地做著「巡迴」講演。

傑克‧威爾許每場的演講出場費都不低於 15 萬美元，場場爆滿的場景更是讓這位「前世界第一 CEO」身價暴漲。

傑克‧威爾許在完成了大大小小若干次演講之後，又掌握了大量新的素材。於是，他的第二本書《致勝：威爾許給經理人的二十個建言》（*Winning: The Ultimate Business How-to Book*）於 2005 年 4 月應運而生了。傑克‧威爾許以 400 萬美元的價格將全球發行該書的版權出售給新聞集團旗下的哈珀‧柯林斯出版公司。《致勝》主要搜集了大量讀者和演講現場聽眾的焦點問題，傑克‧威爾許針對這些問題提出了一些個人的實用性建議和措施。由於傑克‧威爾許的聽眾和讀者中有相當一部分為企業中低層員工，傑克‧威爾許更現身說法，講述了自己從一個鐵路剪

票員的兒子到普通員工再到 CEO 的成長歷程，並透過自己的經驗告訴讀者一個組織如何取得勝利，一個人如何取得成功。

《致勝》比傑克‧威爾許的第一本書條理脈絡更加清晰，文字更加簡潔明快。在整個架構上比《傑克‧威爾許自傳》更加流暢自如。「股神」華倫‧巴菲特在評價《致勝》時稱：「有了《致勝》，人們再也不需要閱讀其他管理著作了。」

2007 年，繼《致勝》榮登亞馬遜經管類排行榜第一名、中文版售逾 50 萬冊後，傑克‧威爾許再度執筆《致勝的答案》（*Winning: The Answers: Confronting 74 of The Toughest Questions in Business Today*）。傑克‧威爾許和妻子蘇西從讀者來信中精選了 74 個具有廣泛代表意義的問題一一作答。這些都是關係到每個人、每個管理者、每個企業的現實性的問題，而傑克‧威爾許在每一個回答中都融入了畢生的經驗和體會。這本書同樣獲得了巨大的成功。

不管是身為奇異的 CEO，還是一個普通的退休者，傑克‧威爾許的生活都堪稱精采。

第一 CEO 原來是超級體育迷

傑克‧威爾許可以稱得上是一個「超級體育迷」。體育運動或者說體育精神幾乎貫穿於他工作、生活的各方面，他的思維方式、性格特徵，以至行為舉止，無不打上體育愛好者的烙

印。體育教給他自信、競爭、合作，甚至領導能力，讓他受用一生。而所有這一切都源於他幼時成長的地方 —— 小鎮塞勒姆（Salem）。

塞勒姆是一個鬥志旺盛、競爭激烈的地方。而傑克‧威爾許在個性上就是一個非常喜歡競爭的孩子，他周圍的孩子也是如此，他們每個人都是運動員，在一起玩這個或者那個體育項目。大家一起組織自己的棒球、籃球、橄欖球和冰球比賽，比賽的場地是「大坑」，這是北街一塊被樹和後院包圍的塵土飛揚的平地。每到春天和夏天，傑克‧威爾許和夥伴就將地面上的碎石掃走，然後分組分隊，有時甚至排出自己的聯賽賽程表。每天，他們都會從大清早一直玩到晚上 9 點差一刻的時候，這時候鎮中心的汽笛聲會響起，這就意味著他們該回家了。

當時的傑克‧威爾許或許並不是非常強壯，但他總是全力以赴。他孩提時代的朋友塞繆爾‧佐爾（Samuel Zoll）回憶道：「他雖然十分守規矩，但卻很好強，無情而又好爭論。」

傑克‧威爾許對他曾經喜愛的運動津津樂道：

「我在由 6 人組成的皮克林語法學校橄欖球隊中做四分衛，……我們在皮克林獲得了冠軍。我還是我們棒球隊的投手，學會了如何扔出曲線球和下墜球。

非常幸運，我還可以成長為一名還算不錯的冰球手，擔當了高中校隊的隊長和主要得分手，不過到了大學，我的速度仍舊是我繼續進步的主要障礙。」

在一場對汽車製造商的演講中，傑克‧威爾許的口氣聽起來又猶如一名曲棍球教練，正教導著他的球員如何進攻：

我們必須承認沒有市場 —— 也沒有客戶 —— 因為我們的競爭對手們不願承認。你們諳熟汽車模型，我則是對渦輪機、噴氣機引擎和電腦斷層掃描儀非常熟悉，這是一個價值核心，一個交叉點。一旦商品開始從貨架上搬到展示室時，這個核心價值就會出擊，而我們每一家公司的消費熱情就會突然變得非常快速、非常依賴與接近消費者，使得這個價值核心能一直在我們掌控之中。

當然，在各種運動項目中，唯有高爾夫球運動成了傑克‧威爾許一生中的最愛。

我們在本書的開頭提及，傑克‧威爾許很小就開始當球童，還不到 9 歲，就吵著要和那些比他大好幾歲的球童一起在球場打球。當時，背著一個裝了 6 根球桿的小球包的傑克‧威爾許居然能打到 120 桿以內。如此優異的成績，更是讓傑克‧威爾許對這項運動瘋狂，但是，球場一般只在週一早上才對球童開放。已經深深著迷於高爾夫球的傑克‧威爾許，為了能多打上一會兒球，經常偷偷摸摸溜進球場，享受揮桿的樂趣。

「我還是沒有失去當球童的感覺。」傑克‧威爾許並不因為曾經當過球童而覺得難堪，他總是很自豪地向人們說起他的那段歷史。

　　他甚至說：「擔任奇異的 CEO 是我一生中最大的樂事。但如果還有一次選擇的機會，我寧願去當一名專業的高爾夫球員。自從在肯伍德鄉村俱樂部當球童的日子起，高爾夫球就成了我畢生最熱愛的運動。」

　　傑克‧威爾許之所以酷愛高爾夫球運動，其原因在於：

　　首先，這種運動結合了傑克‧威爾許所熱衷的東西：人和競爭。

　　其次，高爾夫球是一種讓人總是想做得完美無缺的運動。傑克‧威爾許喜歡這項公平競爭的比賽，這項運動最能讓他興奮。

　　再次，高爾夫球具有指導商業的意義。傑克‧威爾許認為，沒有一項運動比高爾夫球更富於交際意義。在數十年高爾夫生涯中，傑克‧威爾許結識了華倫‧巴菲特、比爾蓋茲等商場菁英。他在自傳中寫道：「我這一生中最持久的友誼都是在高爾夫球場上建立起來的。」此外，傑克‧威爾許還聲稱自己所具有的領導才能也是在球場上培養出來的。透過球場，傑克‧威爾許甚至悟出了管理的真諦。

第十二章

掰掰奇異！傑克・威爾許的退休之路

當我退休時，我就會從這個地方徹底消失，而接手的人也會以他的方式來行事。

—— 傑克・威爾許

漢威聯合併購案大失敗

2000 年 10 月 19 日，正在紐約證券交易所觀察股價變化的傑克・威爾許發現自己的老對手聯合技術公司的股價猛漲了 10 美元時「差點暈倒」，一位記者問他對聯合技術公司收購美國製造業公司漢威聯合（Honeywell International）有何評論時，傑克・威爾許沒有評論而是行動。第二天上午 11 點，他便迅雷不及掩耳之勢以高出聯合技術公司出價 50 億美元的報價向漢威聯合示愛，希望收購漢威聯合公司。

傑克・威爾許橫刀奪愛事出有因，漢威聯合有許多利益與奇異息息相關，如飛機設備製造、工業自動化等等，威爾許早就瞄上了它。

在威爾許介入之前，漢威聯合已決定與聯合技術公司合併，後者是著名的奧的斯電梯（Otis Elevator）及飛機設備製造商，而且長期以來一直是奇異的競爭對手。依照雙方的交易條款，聯合技術公司將以該公司 0.74 股的股票換取 1 股漢威聯合的股票，收購價相當於每股 50.32 美元，共計約 400 億美元，同時漢威聯合的股東將持有合併後公司 54% 的股份。當時聯合技術公司董事會已經同意此項合併，只等漢威聯合董事會做出回應。

2000 年 10 月 21 日，正在開會討論與聯合技術公司合併事宜的漢威聯合董事會在聽到傑克・威爾許的報價後，一致同意改嫁奇異，唯一的條件是原定於 2001 年 4 月退休的傑克・威爾許

必須留任到收購完成，因為漢威聯合董事會擔心收購過程中傑克‧威爾許下臺將導致奇異股價大跌，從而殃及自身。

10 月 23 日，星期一，奇異正式對外宣布，將以 484 億美元的價格收購漢威聯合，包括漢威聯合的股票和相關債務。

同時，傑克‧威爾許還發表併購演說，聲稱：收購漢威聯合將使奇異當前的每股淨收益獲得高達兩位數的成長；併購之後，漢威聯合的執行長邁克爾‧邦西格諾（Michael Bonsignore）以及其他兩位漢威聯合的高管將加入奇異董事會。

有人質疑傑克‧威爾許，問他，奇異為什麼不考慮併購一家高科技的公司，反而選擇漢威聯合這樣一家被認為是舊經濟模式的公司呢？威爾許非常認真而嚴肅地回答了這個問題，他說：「我對這個問題的答案涉及到，我們究竟怎樣來看待漢威聯合？高科技公司不一定必須帶上『.com』的帽子。真正的高科技公司是這樣的，它們擁有強大的基礎產業和雄厚的技術力量，因此，它們能夠採用新興的高新科技 —— 例如電子商務，從而獲得高度的發展和公司自身的全球市場化。我們所做的，正是兩家真正的高科技公司的強強聯手。我們將因此獲得更為豐厚的報酬，實現更為遠大的目標，我們也將採用電子商務作為有效的工具，從而幫助我們更快地實現我們的目標。這絕不是什麼『為什麼要收購一家舊經濟模式的公司』的問題，相反，這恐怕是我一生中聽到的最愚蠢的問題了。」

傑克‧威爾許強調，自己的經營目標始終不會改變，仍然是

致力於使奇異成為全球最傑出的企業。他說：「在收購漢威聯合之前，我們已經成為了全美最受人尊敬的企業。但是，我們依然面臨挑戰，那就是如何保持我們所取得的成績，並在更大的範圍內獲得領先的優勢。」

為了完成此項併購案，已到 65 歲退休年齡、原定於 2001 年 4 月退休的傑克‧威爾許甚至宣布將留任至 2001 年年底，以保證併購順利進行。

雖然兩家公司的董事會和漢威聯合股東早就批准合併協議，但是按照相關法律，奇異與漢威聯合的合併還要得到美國、加拿大和歐盟反壟斷當局的同意。

雖然傑克‧威爾許在 2000 年與漢威聯合定下「終身」之後接受訪問時稱：「沒有反壟斷方面的問題，該交易根本不存在這個問題。」但是由於當時全球收購政策非常嚴格，要獲得有關當局對此交易的首肯並不那麼容易。事實上，奇異對漢威聯合的收購正是因為歐盟的阻撓，未能達到預期於 2001 年初完成的目標。

為了完成這次併購，奇異公司決定更改對漢威聯合的收購要約中的大量條款，以爭取歐洲監管部門的認可。奇異旗下的奇異航空投資和租賃公司（GE Capital Aviation Services，簡稱 GECAS）是世界上商用飛機數量最多的公司之一，它向航空公司銷售或租賃飛機，其年營收占奇異年營收 1,300 億美元的 40％。歐盟委員會的反壟斷監管機構擔心合併後的 GE-Honeywell 在飛機市場上力量過於強大，從而使其有能力與

客戶簽訂排他性合約，排擠競爭對手，而其競爭對手也擔心GECAS 會利用其飛機購買能力，要求飛機製造商波音和空中客車在賣給 GECAS 的飛機只能安裝 GE-Honeywell 的設備。對此，奇異在一項非正式要約中提出了解決方案。據知情人士透露，奇異修改後的收購合約不要求飛機製造商在 GECAS 訂購的飛機上必須使用 GE-Honeywell 的設備。

另外，奇異還擴展了旨在避免捆綁銷售的規定，因為有人擔心 GE-Honeywell 會捆綁銷售引擎和電子設備，並提供相應折扣，從而損害其他沒有同類產品公司的利益。

奇異還引入了透明價格機制，使航空公司和其他客戶能夠對 GE-Honeywell 和其他銷售商的產品價格和服務進行比較。

2001 年 5 月 3 日，美國司法部宣布，原則上同意批准奇異公司併購漢威聯合公司。根據美國司法部的要求，併購後，奇異將出售漢威聯合的軍用直升機引擎並允許一家新公司維修漢威聯合的小型商用噴氣引擎。隨後，加拿大也在附加條件後通過了該併購案。至此，就只剩下歐盟的認同了。

2001 年 6 月 8 日，奇異公司與歐盟就併購漢威聯合談判進入最後階段，歐洲反壟斷官員要求奇異有限度地剝離其飛機租賃和融資業務。

為了消除歐盟反壟斷委員會的擔憂，奇異提議出售Honeywell 公司旗下的地區性噴氣引擎、空氣渦輪起動器和海上燃氣渦輪業務，以及其他航空電子設備和非航空電子設備部

門。在經過多次談判之後，奇異做出的最後退讓則是，同意出售年銷售額達 15.5 億美元的多項漢威聯合業務。但是，歐盟的要價是，讓奇異出售漢威聯合航天業務一半以上的資產，這意味著，奇異需要剝離的資產的總銷售額將增至 46.5 億元至 620 億美元。然而，漢威聯合讓奇異最動心的恰恰是該公司的航空業務，歐盟的要求傑克‧威爾許無法同意。漢威聯合曾經在最後一刻提議修改併購協議書，但是遭到了傑克‧威爾許的斷然拒絕。2001 年 6 月 29 日，奇異與歐盟的談判破裂。

2001 年 7 月 3 日，歐盟委員會正式否決了奇異併購漢威聯合一案。其理由是：奇異併購漢威聯合後將導致奇異在不同市場的壟斷地位。奇異電器公司有可能會利用飛機租賃業務來壟斷飛機引擎和航空電子市場，這將嚴重阻礙航空工業的市場競爭，使消費者支付更高價格。

至此，工業史上最大併購案宣告流產，而這也加快了傑克‧威爾許告別奇異的步伐。

奇異的接班人

在具有百年歷史的奇異，衡量每一位 CEO 是否成功和優秀的標準，不僅是他在任職其間為奇異創下的業績，還在於他能否挑選一個優秀的接班人，使奇異繼續保持發展。

擁有人類文明以來，發生過無數接班繼位的故事；時至今日，在世界每一天都有權力的交接與希望的承續。而為一個龐

大的公司選接班人，正像為一個國家選總統一樣，是一個巨大的挑戰。而且，世界 500 強公司在選接班人時栽過跟頭的也不少。近年來朗訊、可口可樂、吉利、英國航空公司、P&G、全錄公司新上任的 CEO 都連屁股沒坐熱就下了課，但奇異卻是企業界領導人交接的經典創造者，在企業界，傑克·威爾許用 6 年時間選擇傑夫·伊梅特並把一個 5,000 億美元的帝國交給他，成為全球企業界迄今為止前無古人、後無來者的經典之舉，被全球企業界的 CEO 廣泛傳誦。

30 多年前，傑克·威爾許在與另外兩位副董事長競爭美國奇異 CEO 的位子，最終獲勝之後，一位職員拿著一封信走進他的辦公室，凝重地說道：「這是我的辭職信。」傑克·威爾許問他為什麼，他說：「因為我原先支持的是另外一位候選人。」在他看來，既然自己當初沒有選擇傑克·威爾許，現在最體面的做法就是自動辭職。傑克·威爾許對他說：「我對此無所謂，把辭職報告撕掉滾吧！」這位職員後來成為奇異最重要的高級主管之一。而傑克·威爾許也因此對公司挑選接班人時，讓他們成為公開競爭者的做法極端厭惡，因為這樣將使全公司的人分為不同的支持團體，在候選人之間也充滿了政治的意味，這也為他在 14 年之後選拔接班人的手法埋下伏筆。

由於收購漢威聯合行動失敗，傑克·威爾許如期退休。雖然最後一樁有些失意，但絲毫無損於這位創造管理典範的超級經理人的風範。

　　如果說傑克‧威爾許對奇異的管理革命，是因對新世界行將取代舊世界的洞察力而產生使命感的話，那麼如何選擇接班人、在自己退休後奇異仍延續輝煌，則是傑克‧威爾許的責任感。在他的職業生涯中，他自稱沒有什麼比發現人才更讓他快樂了。

　　從 1994 年 6 月起，傑克‧威爾許就開始與董事會一道著手排選接班人的工作。有鑑於當年自己親臨其境的尷尬，傑克‧威爾許幾乎事必躬親。在祕密敲定十幾位候選人名單後，他會經常性地安排他們與董事會成員打高爾夫球，或聚餐跳舞，讓董事們有更多的感性認知。娛樂活動輕鬆活潑，看似不經意，但座次安排、組合配對等等細節都是傑克‧威爾許親自安排。當然，對候選人也有多種明察暗訪的考核。

　　經過 6 年 5 個月的篩選，最後三名候選人是詹姆斯‧麥克納尼（James McNerney）、羅伯特‧納爾代利（Robert Nardelli）、傑夫‧伊梅特，他們分別是奇異下屬飛機引擎、電氣渦輪機、醫療設備業務的負責人，各自在辛辛那提、阿伯尼、南卡羅萊納辦公。此前他們各自隱約知道自己是候選人之一，但並不知道還有多少競爭對手，因而並沒有面對面的競爭機會，一直保持良好的同仁與朋友關係。這正是傑克‧威爾許想要的。

　　2000 年 7 月，傑克‧威爾許召集董事會召開了奇異具有決定性意義的會議。會議上，董事法蘭克‧若德第一個提議傑夫‧伊梅特為比較合適的人選時，傑克‧威爾許說道：「好！這正是我

所想的，也是其他幾位董事所想的。」奇異董事會對公司下一任 CEO 的正式投票表決會安排在 2000 年感恩節前的星期五。董事會的所有成員對三位候選人進行投票，結果傑夫·伊梅特名列第一。董事會一致通過傑夫·伊梅特為奇異下一任 CEO。這既是董事會全體董事的選擇，也是傑克·威爾許的選擇。

可在宣布接班人之前的感恩節週末，傑克·威爾許的行蹤卻顯得有些詭祕：

週五，他邀請伊梅特和妻兒從南卡羅萊納飛到自己在佛羅里達棕櫚灘的寓所共度感恩節，但並不讓他們乘坐奇異的飛機，而是搭一架與其他公司合用的商務飛機繞一圈後才到達佛羅里達，以避免公司內部人員的議論。傑克·威爾許與伊梅特在週六談了一整天，晚餐就在傑克·威爾許家中進行。週日上午，伊梅特一家坐上一架與他人合用的商務飛機直奔紐約。下午，傑克·威爾許通知自己的飛行員改變飛往紐約的計畫，改飛辛辛那提。在雨夜中著陸後，傑克·威爾許在飛機庫一個隱祕的房間裡，與詹姆斯·麥克納尼詳談了一會兒。回到飛機上後，他再次令飛行員驚奇，還不能去紐約，先去阿伯尼。同樣是在飛機庫的休息室裡，傑克·威爾許與羅伯特·納爾代利見了面，並交談了一陣。晚上 10 點鐘，傑克·威爾許終於飛到紐約。此時他百感交集：「為我的繼任者感到高興，為把壞消息告訴朋友而傷心。同時也覺得鬆了口氣。」

其實，傑克·威爾許大可不必這樣做，當公開宣布以後，落

選的候選人就會知道一切。但是，傑克‧威爾許還是希望由自己來告訴他們這個決定，即使這樣會讓他們怨恨，那也是沒有辦法的事。他能夠理解，這將是他們在事業上所聽到的最不好的消息，把這麼不好的事情告訴他們是一件令人難過的事，不過傑克‧威爾許最終還是做到了。

週一上午 8 點，奇異公司在紐約宣布，44 歲的傑夫‧伊梅特將成為全世界最有價值的公司的下任 CEO。

三週後，在奇異董事、高級主管及其配偶於曼哈頓奇異「彩虹室」聚餐和跳舞時，麥克納尼和納爾代利與伊梅特一樣，得到大家的起立鼓掌。

有人嘲弄傑克‧威爾許，如此早地宣布接班人是不是出了什麼問題？

傑克‧威爾許的回答是：「我不是因為年紀大，感到身體疲倦而退休。我退休是因為我已在這個公司做了 20 年，我的成就將取決於我的繼任者在未來 20 年裡將公司發展得如何。我有一支很好的管理團隊，把我這樣的老傢伙剔除出去，他們才能做好自己的事。」

傑克‧威爾許的使命完成了，近乎完美、圓滿。在為他光榮退休舉行的晚會上，十多位 500 強的 CEO 都到場向他致意，他們曾是傑克‧威爾許的下屬，是傑克‧威爾許帶領他們邁向成功。

值得一提的是，麥克納尼和納爾代利在此後也成了「獵頭」公司最具價值的目標。畢竟，讓傑克‧威爾許看上的人不

會太多。

傑夫‧伊梅特

傑克‧威爾許和奇異的董事會為什麼會一致地選擇傑夫‧伊梅特呢？這是很多人都感興趣的話題。

首先，在年齡上，伊梅特具有很大的優勢，當時他才 45 歲。在傑克‧威爾許執掌奇異公司的這 20 年中，奇異走完了一個輪迴。而在年輕的伊梅特的領導下，奇異將開始新一輪的征程。三個候選人中，伊梅特最年輕，他有足夠的精力率領公司走完又一個階段。

其次，也是更為重要的一點是，伊梅特表現出了出色的領導能力和積極進取的精神，這恰恰是奇異接班人選擇中的一條重要標準。

比如，在 1989 年，在伊梅特掌管的奇異家電部，發生了奇異歷史上最嚴重的顧客要求退貨事件。身為客服部的副總裁，伊梅特必須處理好危機，召集足夠的工人重新替換安裝遭退貨的成百萬臺冰箱壓縮機。他成功地處理了此次事件，顯示出的領導能力和處理問題的能力令人佩服。

再次，就傑夫‧伊梅特的學識來說也沒有什麼可挑剔的地方。他 1956 年 2 月 19 日生於俄亥俄州辛辛那提，父親是奇異公司飛機引擎部的經理，母親是學校老師。他在大學獲得經濟學和應用數學雙學士學位，在哈佛大學完成他的 MBA 課程。

最後，也是最重要的一點，傑夫‧伊梅特是奇異全球化的關鍵領導人之一，在一定程度上，他所發揮的作用甚至比傑克‧威爾許更大，他構思一個全球產品公司的概念，這個概念後來成為了奇異電器每一項業務的典範：從世界的每一個角落尋找人才、配件、資源等，最後在一個地方完成產品。比如，醫療系統中的普羅秋斯（Proteus）放射治療儀，這一產品在北京製造，其 719 個部件在做了最有效的收益和成本分析後，跨洲際整合加工而成。其零部件來自美國、加拿大、墨西哥、北非、摩洛哥、韓國、臺灣、邦加羅爾，以及西歐和東歐的國家和地區。其中掃描部件的發電機由印度製造，懸浮裝置在墨西哥生產，而電子管則來自美國。傑夫‧伊梅特完成多次併購，並能夠將它們很好地整合，他將醫療器械這樣的硬體業務如一家資訊公司一樣經營。他把銷售收入從 1996 年的 39 億美元成長到 2000 年的 72 億美元。同樣是保持每年 21％ 的成長。

對於傑夫‧伊梅特最後能勝出，傑克‧威爾許是這樣評價的：「他在我們的醫療器械部門取得了很多出色的成績，重要的是（醫療器械部門）將成為奇異電器未來的營運模範。我覺的他擁有智慧和協調能力。另外一個董事強調伊梅特學習和成長的能力，他是三人中學識最好的。」

傑夫‧伊梅特當選，代表在全球化商務環境中，新一代的高級管理者的誕生，某種程度上，奇異電器的最高執行官代表了當代西方管理實踐的最高境界。在傑夫‧伊梅特讀大學時，他就被

同學選為最受歡迎的人，他性格溫和，總是面帶微笑，是個天生的溝通高手，他還被人笑有點軟弱。如傑克‧威爾許和雷吉‧瓊斯完全不是一類人一樣，伊梅特和傑克‧威爾許也是很不一樣的人。一位日本管理者是這樣評價他們：當聽到傑克的電話時我們會渾身緊張；而聽到傑夫的電話時，我們會面帶微笑。

　　總部位於紐約、成立於 1916 年的世界大型企業聯合會（The Conference Board）為了回答「如何為 2010 年培養企業領導者」這個問題，對全球 500 強中的 CEO 和負責人力資源方面的領導進行了調查，這些企業分布與世界各地，調查結果：未來的企業領導者應有能力同時擔當四種角色：

1. 策略家（Master Strategist）
2. 變革經理（Change Manager）
3. 建立關係高手（Relationship Builder）
4. 人才開發者（Talent Developer）

　　我們不難看出，伊梅特的能力完全符合這調查結果。

　　透過一段時間的磨合，傑克‧威爾許成功地把接力棒傳到了繼承人的手中。他終於可以放下那沉甸甸的擔子，在輕鬆和愉快中安享晚年的幸福時光了。

　　不過，雖然各項條件都符合，但伊梅特能否繼續威爾許在任時的 GE 發展神話呢？

伊梅特能否繼續 GE 神話

　　奇異公司 2008 年的年會和往年有很大的不同，少了一分喧囂，多了一分沉重。

　　伊梅特宣布把 2008 年成本削減目標從 20 億美元調升至 30 億美元，「我們處在自 2001 年以來經濟最艱難的時期。」伊梅特說。

　　在做出上述表述之前，伊梅特突然遭遇一場「指責」。奇異一季度未達盈利目標，當天股價大跌 13%，470 億美元市值慘遭蒸發。傑克‧威爾許在 CNBC 早間電視節目 Squawk　Box 裡炮轟高徒伊梅特，質疑後者有誠信問題。

　　「你承諾會達到財務目標，但結果卻大相徑庭。什麼叫搞砸了？就好比你答應今天交出一個東西，結果你晚了三個星期！」威爾許惱火地說，「你要麼改正錯誤，要麼走人。」

　　威爾許在美國商界名聲顯赫，在奇異內部地位超然，對伊梅特又有知遇提攜之恩，此番突然開火到底意欲何為？

　　外界期待威爾許能親自解答這個問題，但時隔一天，威爾許再度開罵，稱媒體完全扭曲了他的言論，其原意與傳媒的詮釋完全背道而馳。威爾許說，自己已經被無數的電子郵件和電話包圍了，當然這些在他看來都是「亂七八糟的問題和穿鑿附會的言論」

　　「前任嘰嘰歪歪地說新人無能，說現在的事情怎麼被搞砸，

世界上沒有比這更讓我噁心的事情了。」72 歲的威爾許第二天一早回到了 CNBC 的新聞演播廳，開口就說自己再也不會插手此事，而且不會說任何「壞話」。

他一如既往地支持奇異和它的 CEO —— 那個差點被他稱作「騙子」的伊梅特。「傑夫是個不錯的 CEO，奇異的金融業務一如既往地吸引人，但我畢竟退休了，以後盡量不會再插手這些事情了。」

這或許可以解讀為以下的意思：當伊梅特在困難環境中苦苦經營之際，威爾許的言論卻被「誤解」為前任對繼任者的批評，這讓威爾許感覺非常「痛苦和震驚」，他希望告訴外界自己其實對奇異的經營模式以及伊梅特的管理讚譽有加。

威爾許的《商業周刊》專欄也更新了，威爾許「動情」地寫道：奇異是個偉大的公司，它有偉大的商業模式和偉大的 CEO，它還會一如既往地偉大下去。

奇異真的能繼續偉大下去嗎？伊梅特遭遇的是怎樣的艱難時刻呢？

伊梅特在 2008 年股東大會上說，奇異在過去 5 年來利潤成長近一倍，但每股收益率下滑了 50%，已接近 1990 年代初的水準。

自從從傑克‧威爾許手裡接過這家傳奇公司，伊梅特時代的股價就是無法與傑克‧威爾許時代相比。當時伊梅特就已多次表

示他對公司股價的「沮喪」。從2001年上任至2007年4月底，奇異的股價累計下跌了7%（此間道瓊工業平均指數則累計上漲35%）。

期間，奇異會不會退出金融服務業的說法一度喧囂塵上。在2007年奇異的股東大會上，花旗的一份調查研究報告在股東中激起千層浪，他們對「6年來的微薄收入」深感不滿，「拆還是不拆」已經不是其爭論的話題，「怎麼拆和什麼時候拆」才是關鍵。

當時有分析師認為，拆分掉NBC、GE地產、GE Money，將創造出額外價值。但伊梅特並沒有因此而動搖。

不過在2008年的股東大會上，伊梅特則誠懇地承認，投資金融服務業是導致公司市值下降的因素之一，因此公司將繼續從金融服務業最不穩定的領域撤出，其中包括正待出售的自有品牌信用卡業務。

但他並沒有打算讓奇異完全退出金融服務業。「有人說奇異的工業部門若是與金融業務擺脫關係，股價將會上升；在我看來，奇異不會完全退出金融服務業，公司的金融服務部門帶來了高報酬，在競爭中表現優異。」伊梅特說。

儘管批評聲不斷，但伊梅特仍然堅守他認為正確的決定。而或許可以試想，如果將伊梅特和傑克・威爾許交換一下，後者面對2008年的全球金融危機，又將會做出什麼樣的決策呢？

退休後的財富八卦

　　傑克‧威爾許正式退休時，他的財富並沒有引起大眾注意。但是，忽然有一天，他的私人財務資訊成為了媒體追蹤的焦點。傑克‧威爾許遭遇了人生中最大的尷尬，他的曝光率甚至超過了在位之時。當然，這一切不僅僅是財富惹得禍。

　　在傑克‧威爾許退休前，沒有人清楚地知道他的財產收入狀況，只能猜測他的身價。然而，隨著他那場家喻戶曉的離婚官司，他的財產被公之於眾，他的財富不再隱私。至少，傑克‧威爾許為他破碎的婚姻付出了昂貴代價！

　　在傑克‧威爾許擔任奇異公司 CEO 的 20 年裡，他憑藉其非凡的領導才能，將奇異公司從一家衰落的「大雜燴」公司發展成市值超過 4,000 億美元的賺錢機器，傑克‧威爾許從而被譽為是 20 世紀美國最偉大的職業經理人和全球第一 CEO。功成身退後，他仍擔任奇異公司顧問。

　　上文我們已經說過，在那場著名的離婚官司中，傑克‧威爾許的生活隱私和財務細節徹底被他的前妻翻了個底朝天，珍的律師在向法官遞交的財產報告中，透露了傑克‧威爾許的家底，他每月平均花費為 36 萬美元。

　　調查資料顯示，在奇異擔任掌門 20 年的傑克‧威爾許在退休時，個人財產已經達到 5 億美元。他退休後每月收入有 140 萬美元，包括 1,000 美元的社會保險基金。

　　傑克‧威爾許的妻子珍對他的奢侈生活很不滿意，因為她在分居後每月得到的生活費只有 3.5 萬美元，讓過慣了以前豪華生活的她無法忍受。珍的律師表示，傑克‧威爾許財產的實際數目很難界定，因為他可以終身公費乘坐飛機，退休津貼也超過 1 億美元。

　　珍的律師經過調查對外公布說，傑克‧威爾許每月在食品和酒水上的平均開銷是 8,982 美元；而傑克‧威爾許每月在服裝上平均要花費 1,903 美元；禮物費用更加驚人，是平均美元 52,486 美元；每月支付給鄉村俱樂部會員費是 5,480 美元。

　　令人咋舌的是，文件中顯示：雖然傑克‧威爾許個人的總資產最多時高達 9 億美元，但是威爾許仍舊在很多花費上繼續花著奇異的公款 —— 比如奇異為威爾許報銷 4 處住宅裡的電器、汽車、衛星電視費用；一些各種體育賽事等娛樂活動的昂貴門票費用也在報銷之列；威爾許還享受著位於曼哈頓隸屬奇異的豪華公寓的使用權，一套豪華辦公室的使用權和相關祕書服務；甚至連日常食品、酒水、訂閱報刊雜誌等費用威爾許也不用自己掏腰包。

　　另外，文件還將威爾許的其他退休福利公之於眾，眾多奇異的投資者震驚地發現這位前 CEO 在退休之後還能拿到巨額款項：威爾許的退休金是每年 1,000 萬美元，外加 2,200 萬股奇異的普通股票。威爾許乘坐奇異商務飛機的費用平均每月就高達 30 萬美元。

這些資料一經曝光，引起了社會的極大關注和震驚。高級管理人員如此優厚的退休待遇讓投資者感到憤怒和極端不平衡。奇異為了支付威爾許的奢華帳單而經歷了巨大的信譽危機，這些直接影響了奇異的股市表現。

在與前妻珍的離婚的過程中，傑克・威爾許的財富隱私被大大揭開之後，傑克・威爾許迎來了人生中最被動的一個時刻，在老朋友巴菲特的建議和開導下，被逼無奈的威爾許向奇異公司董事會提出申請，要求修改退休福利協議，取消所有的額外福利計畫，只留下公司為所有退休董事長提供的辦公室及行政後勤支援兩項內容。

傑克・威爾許在發表的一份聲明中說：「我現在面臨著兩種選擇：一種是繼續維持 6 年前簽訂的這份僱傭合約 —— 一份已經生效的文件，另一種是為了奇異以及與它相關的人們而修改我的退休協議。但是我熱愛奇異，為了防止它因我個人的離婚糾紛蒙受名譽損失，我願意放棄。」

此後，傑克・威爾許將為使用公司提供的設施及服務而向奇異公司支付費用，這些設施及服務包括公司提供的飛機和高級公寓。

這意味著以後將沒人為威爾許的生活、娛樂買單，並且如果他使用公司的設施，他還得向奇異公司付款。僅僅因為使用公司的飛機及設施，他就需要每年支付 200 萬以上美元的費用。

在美國人眼裡，當一個人已經不再為公司出力的時候，不

管他以前有多偉大，如果他得到的待遇豐厚得不可思議，那些還在賣力工作的大眾就會拋去白眼。尤其是當那個享受非常福利的閒人還用公款為他的桃花運買單的時候，挨些義憤填膺的雞蛋和番茄也是正常的。

　　為了平息大眾和投資者心裡的怒氣和怨氣，傑克‧威爾許還特別表示，他今後將免費幫助奇異，提供無償的顧問諮詢。另外，他還表示將優先照顧奇異公司的員工，在他世界演講之餘，他將免費定期在公司舉行講座培訓。這樣，奇異將定期地省去傑克‧威爾許演講一次 15 萬美元出場費。

　　這些舉動顯然行之有效，讓投資者平息了怒氣，重新看到了希望，奇異股票在傑克‧威爾許提出修改退休福利 4 天後上漲了 85 美分。

附錄

傑克・威爾許的管理思想精華

◆ 關於「誠信」

我們公司和員工最關注的就是「誠信」。常常有人問「在奇異你最擔心什麼？」「什麼事會使你徹夜難眠？」其實並不是奇異的業務使我擔心，而是有什麼人做了從法律上看非常愚蠢的事而給公司的聲譽帶來汙點，並把他們自己和他們的家庭毀於一旦。我們在誠信上絕對不可有任何的鬆懈，誠信講得再多也不夠。誠信不僅僅是法律術語，更是廣泛的原則，它是指導我們行為的一套價值觀 —— 指導我們去做正確的事情，而不僅僅是合法的事情。

◆ 關於變革

總是要想到變革是有好處的。不要徹夜不眠地擔心對今後的變革預測不準。變革總不會太壞，它時時刻刻都帶來機會而不是危機。充分利用變革，領導變革，這樣你的企業組織才不會因為變革而癱瘓！許多企業組織視變革為猛虎，怕得要命。我們要使變革成為充滿活力、令人振奮的事件。掌握變革，適應變革，我認為這是我們公司的最強項。

◆ 關於客戶

客戶是所有業務的起點。大公司常常在公司內部花費大量的時間。我知道有兩件事可使奇異的客戶滿意度提升到一個新高度：其一是「跨度」，這是第一次我看到一種衡量指標真正地把所有業務活動連接起來 —— 從工廠到客戶手中，從定單到送貨。其二是我們的新總裁 —— 一位真正的以客戶為中心的領導人。以客戶為中心的思路已經融入他的血脈之中了，我知道他會以公司從未有過的魄力，大力推動以客戶為主導的活動。我們在過去幾年在這方面已經有很大的進步，但是在新的領導班子下，奇異會有長足的變化，長足的改進，這是因為新領導團隊真正了解客戶。

◆ 關於規模和結構

我們承認公司規模大有其內在的局限性。但是我們一定要利用我們的規模。投注於技術，冒風險，時時出擊。這就是我們的強項所在。大公司可以多試幾次，可以屢次不中但揮棒不止 —— 因為我們有龐大的資源。但在你充分利用我們的規模時，一定要竭力保持小公司的精神。使每個人都參與其中，廣泛地獎勵人員，慶祝、慶祝、再慶祝。痛恨官僚主義 —— 不要害怕用「痛恨」這個字眼 —— 時時刻刻痛恨它！去掉無所謂的層次，嘲笑那些無謂層次的設置。無謂的層次只會減慢速度，阻礙前進。

◆ 關於自信、簡單化和速度

自信是關鍵，是透過現實生活中的經驗不斷磨練出來的。有些人很幸運可以從母親的膝下、從學校、從書本或從很多其他地方學到這種性格，但是你也可以幫助人們樹立信心。我也看到有些人過去沒有這種性格，但是經過各種經驗和磨練，從而樹立了自信。所以你必須給人機會，冒風險去爭取勝利。每一次勝利都會為每個人增加一分自信。把自信源源不斷地注入到員工身上是每個領導者的責任。具有自信心的人才是極為重要的。自信心也是關鍵性的領導技能，它能使人做出重大舉措，使人簡化、直白地交流。在以資訊為基礎、變化如此之快的世界上，速度至關重要，自信至關重要，簡單化至關重要。所以領導者的責任就是使員工做黑帶工作，起碼兩年。兩年以後，在第三年至第六年之間，每個「最佳員工」必須參與黑帶工作。到那時，每個人都會有黑帶大師那樣尖銳的思維方式。如果他們無法成為黑帶，他們還無法稱為成功。

◆ 關於人才

你們的工作就是每天把全世界各地最優秀的人才招攬過來。你們是一個不斷獲勝的隊伍中的一員，最佳團隊中的一員，全世界最推崇的團隊之一員。不管種族或性別，只挑最好的人才是領導者的職責所在。你們必須熱愛你的員工，擁抱你的員工，獎勵你的員工，激勵你最好的員工。如果失去最好的

20%的員工，是領導者的失職。如果留下最差的 10%員工，同樣也是領導者的極大錯誤。

◆ 關於「不拘形式」

　　我認為「不拘形式」的價值與經營規模結合會有極大的競爭優勢。自信的領導與自信的員工，彼此水乳交融，相互信賴。我們無法容忍自命不凡的傢伙。在公司裡，每個人都有機會表達意見，這是一個巨大的優勢。如果你看到有幾個自命不凡的傢伙坐在辦公室裡面「表現」出「經理」的樣子，就把他們趕出去。我們要的是一家「不拘形式」公司，不管誰肩扛著幾道槓幾朵花，每人都可以參與議事。「不拘形式」是許多大公司所沒有的競爭優勢，絕不要失去它。

◆ 關於「全球化的學習公司」

　　我們過去 20 年來最大的轉變就是成為一家學習的公司。我們向其他公司學習。從內部學，從外部學，從上到下，從下到上學習。世界上精華才智在我們手中，這是因為我們無時不在追尋與學習。很多年前，豐田公司教我們學會了資產管理，Motorola 和聯合訊號推動了我們學習六個標準差，思科和 Trilogy 幫助我們學習數位化。我們每天早上起來的時候，不要忘記找出一種新的方法，絕對不要讓老毛病悄悄返回來，要堅持成為一家無邊界的學習型公司。

傑克‧威爾許的 50 條經典管理語錄

1. 集中精力，絕對不妥協地向官僚主義開戰。

2. 竭力尊重有能力的人，而讓沒有能力的人滾蛋。

3. 只要認為值得，對高級人才的付出絕不吝嗇。

4. 始終使用最頂尖的業務人才，不惜代價挖到手。

5. 在用人方面，頭腦裡沒有任何桎梏，完全打破等級、門戶、輩分之見。

6. 只參與行業內最有前景的領域，剝離沒有創新空間的部門。

7. 任何行業，只把眼光盯住龍頭老大。

8. 不涉足業績經常為外界環境的變化所左右的、自己無法控制的週期性行業。

9. 只面向現實的經營前景，從不按照自己的期望、預測的所謂遠景考慮問題。

10. 灌輸公益價值觀和融入社區的意識，爭取實施全球化策略中的地利和人和。

11. 建立起對於充分的準備工作和對大量圖表進行現實分析的極端癖好。

12. 讓優秀的人才在公司的主戰場和第一線感受自己的價值。

13. 機會來臨時全力爭取。

14. 換人不含糊，用人不皺眉。

15. 在職業生涯中間發現和形成人才儲備，隨時調用。

16. 剔除沒有熱情的人。

17. 制定跳起來才可能夠達到的目標。

18. 先於變化採取行動。

19. 將員工的學習與晉升直接掛鉤。

20. 將自己的文化包括自信灌輸給公司的每個人。

21. 建立公司內部學校。

22. 討論和研究可以連續幾個小時的進行，但是一定要爭吵，以貼近真實答案。

23. 槍斃一切形式主義的官樣文章。

24. 隨時準備全面分析對手可能採取的行動。

25. 透過數位化使公司更加靈活。

26. 讓每個人、每個頭腦都參加到公司事務中來。

27. 將公司的內部和外部文化作區別，並且要求自己和其他人在貫徹內部文化方面始終言行一致。

28. 管理越少，成效越好。

29. 與員工溝通，消除管理中的警察角色，不要一味企圖抓住下屬的小辮子。

30. 在公司內部，點子、刺激、能量必須源源不斷並且以光速傳播。

31. 官僚主義往往與形式主義為伴。

32. 尋找有團隊激勵能力的人。

33. 與控制欲強的、保守的、暴虐的管理者斷絕關係。

34. 不要花太大的精力試圖改變不符合公司文化和要求的人，直接解僱他們，然後重新尋找。

35. 小心關照公司的最佳人員，給他們回報、提攜、獎金和權力。

36. 不要以命令改變公司的運行。

37. 與部屬中最聰明的人和睦相處、密切配合。

38. 態度決定一切。

39. 將最大的支持和資源授予最優秀的人才。

40. 公司的業務策略結合體中的每個部門都數一數二，那麼在競爭中的定價權就會很大，公司結合體的風險就可以分散。

41. 生產力不是裁員或者併購就可以提升的，必須自我加壓。

42. 舊組織建立在控制之上，新組織必須添加自由的成分。

43. 不同業務部門之間無界線的交換意見應該是很正常的事情。

44. 從監視者、檢查者、亂出主意者和審批者，轉變為提供方便者、建議者、業務操作的合作者。

45. 透過「價值指南備忘卡」強調公司統一的價值觀。

46. 一致、簡化、重複、堅持，就是這麼簡單。

47. 好主意來自四面八方，點子的溝通應該隨時隨地。

48. 讓員工發現和看見自己工作的意義及其實現機制。

49. 懲罰一到兩次失敗，然後就是解僱；慶祝每一次的進步，雖然可能離總目標仍然很遠。

50. 鼓勵甚至逼迫每個人都提出自己的獨到見解。

傑克‧威爾許的 30 個領導祕訣

1. 無邊界：這是傑克‧威爾許的一個標誌性概念，也是與這位奇異領導人最密切相關的一個術語。

2. 面對現實：這是傑克‧威爾許最持久的法令之一，也是他經營規則的核心之一。他要求所有奇異員工絕不能背棄根據事物原本面貌去看待事物的原則。事實證明，在每一個轉折關頭，他都能夠正確地估計形勢，並提出策略、計畫或行動以應對他所發現的任何危機。

3. 全球化：這是傑克‧威爾許第一個主要的業務成長行動，在其任期中，全球化對於奇異兩位數的成長率產生了重要作用。如今，全球化已經成為奇異不可或缺的一部分。有人甚至於說它「不太像一個創舉」，而「更像是一種本能的反應」。這種思維方式代表了奇異公司與 20 多年前的思維徹底決裂。

4. 全球性人力資本：為在全世界建立起自己的人力資本，奇異向外「輸出」的管理人員越來越少，它堅持投資於當地的人才和學習中心。奇異期望在未來幾年內超過一半的工人居住在美國以外。

5. A 等的領導者：在傑克‧威爾許看來，A 等領導者就是那些能夠想出和清楚地表達出一個觀點，並促使其他人把這個觀點當作自己的觀點去利用的人。

6. 領導者：傑克‧威爾許從不喜歡管理者這個詞。他更偏愛領導者這個詞。多年以來，「管理者」這個詞被扭曲成製造和增加官樣文章，但卻毫無價值的官僚主義者的形象。對傑克‧威爾許而言，管理者越少，管理得越好。這個奇異的執行長一直督促他的業務領導者去創造一個新形象而擺脫管理者形象。

7. 「數一數二」：這是傑克‧威爾許對奇異所有業務的期望，要在公司所參與競爭的市場上成為市場的領導者（數一數二），該策略是傑克‧威爾許最為持久的經營準則之一。

8. 官僚體制：生產力的敵人。傑克‧威爾許堅決要求他的員工「與官僚體制進行鬥爭並打敗它」。這位奇異的執行長利用無邊界和聽證會這樣的創舉，與官僚體制進行 20 年的鬥爭。

9. 小公司的靈魂：1980 年代，傑克‧威爾許宣稱他要將小公司的靈魂注入到奇異「龐大的軀體」中。傑克‧威爾許想要世界上所有最好的東西；他明白奇異的規模優勢，但他也深知除非奇異的員工保持一種企業家精神，否則公司絕不可能盡其所能。他說小公司是無所不知者，與市場連繫得更緊密。他們因經驗而深知『猶豫』是如何使其在市場上受損的，他認為在奇異，他的首要任務是權衡公司的「大」（它的全球勢力範圍，龐大的人力資源、資本等等），以及營造一種「人們能實現夢想」的環境。

10. 聯合大企業：威爾許更喜歡把奇異稱作一個「多種經營公

司」。他堅持認為，奇異畢竟不是多個公司的簡單集合。傑克・威爾許許多極其重要的決策，特別是 1980 年代初期所做的決策，都是要改變奇異是一個聯合大企業的觀念。例如，他的三環策略確保了奇異的所有業務都集中在三個領域，為公司提供了策略重點，並幫助消除奇異是不相關公司結合體的說法。

11. 數位化：作為奇異 E 化舉措的一部分，傑克・威爾許建議所有過程都數位化。這位奇異執行長把數位化看作是使公司更快、更靈活的另一個重要步驟。2000 年，數位化使公司透過網路銷售了 70 多億美元的產品和服務。根據傑克・威爾許的估算，在 2001 年，數位化為奇異節省了超過 15 億美元的營業毛利潤。

12. E 化舉措（傑克・威爾許還把它稱為「數位化」）：這是第四個發展行動，也是傑克・威爾許的最後一個革新。傑克・威爾許承認自己在最初確實沒有把網路看成是一個巨大的企業變換器：「它並沒有強烈地吸引我，雖然它理應如此。」但一旦他看到網路的威力，他很快就皈依了網路，他說道：「我確實看到了它的威力，它將改變每一個公司的文化。」2001 年，傑克・威爾許指出電子商務代表了公司有史以來最大的機會。他把網路看作是「打破邊界的最後工具」—收殮奇異官僚體制的棺木上的最後一根釘子。

13. 學習型組織：傑克・威爾許最大的雄心壯志就是將奇異塑

造為思想和智慧超越傳統和層級的學習型組織。1994 年，當被問到有關退休的前景時，傑克・威爾許發表如下的聲明，其主旨展現出他的雄心壯志：「當我停止學習新的東西並談論過去而不是將來的時候，我就該離開了。」傑克・威爾許說：「透過成為一個學習型組織，我們已經消除了傳統的多元業務公司的障礙—市場與地域的差異並將其轉變為具有決定作用的優勢。」

14. 重建：重建指的是摧毀舊的，並設計、建造一個新企業的過程。在重塑奇異時，傑克・威爾許將一切沒有用的東西剷除乾淨，並按照自己的期望重整公司。

15. 服務舉措：這是改造奇異的關鍵之一。當傑克・威爾許就任的時候，奇異主要是一個製造企業。傑克・威爾許將服務置於製造之上，幫助奇異成為一個全球服務提供商，並幫助其實現了兩位數的成長。傑克・威爾許將奇異視為「一個全球服務公司，同時也出售高品質的產品」。1980 年，服務收人只占奇異收入的 15％。在 2000 年，服務收人（金融、資訊以及產品服務）占到公司總收入的 70％。成長的驅動引擎之一就是奇異的資本服務，該金融服務業務貢獻了公司 2000 年度的幾乎一半的收入。當 1995 年展開產品服務行動時，傑克・威爾許確信要強調保持奇異產品品質的重要性。除非奇異生產具有最高品質的強勢產品，否則其服務業務將受損。也許之後就不會有

巧合：傑克‧威爾許在展開產品服務行動的同一年啟動了
品質行動。這是傑克‧威爾許唯一在同一年展開兩個關鍵
行動的例子。

16. 六標準差：這是傑克‧威爾許發起的一場品質革命，也是
所有的奇異的行動中規模最大的一次。傑克‧威爾許認為
奇異向 Motorola 公司學習「六標準差」是一枚「榮譽勳
章」，雖然舉措的實施是完全傑克‧威爾許式的：「『六標
準差』的方法是來自其他公司，但是迷戀的文化以及無所
不包的熱情確實是純粹的奇異方式。」1995 年實施的「六
標準差」是一個以統計為基礎的程序，它試圖使奇異的產
品和流程接近於完美。在啟動「六標準差」時，傑克‧
威爾許設定了一個將導致公司為之奮鬥多年的卓越性的基
準。在傑克‧威爾許領會了「六標準差」的潛力之後，他
說「六標準差」有助於將公司的流程提升到下一個階段。
傑克‧威爾許宣稱「六標準差」不是一個口號，也不是官
僚主義或者填填表格，「它最終給我們一條理解控制功能
的路徑，這是一個公司裡最難的事情」。

17. C 會議：指傑克‧威爾許每年要求管理層回顧以及對下一步
計畫做出評論的會議。世界各地的數以千計的管理者參與
其中，C 會議是嚴格的、持久的評價流程（或者是自我評
價階段），包括幾個步驟，歷時幾個月。傑克‧威爾許視
察某些公司業務，並與高級管理者見面討論業績，以及該

業務的高級管理者們的需求。正是 C 會議決定誰被升遷、誰得到期權等等。

18. 硬體階段：傑克‧威爾許改革的第一個階段被稱為硬體階段，發動於 1980 年代早期。這無疑是傑克‧威爾許最困難的時候，因為它涉及到巨大的結構變化，包括精簡、消除層級以及砍掉不能勝出的業務。無論是在奇異大廈的內部還是外部，傑克‧威爾許的所有行動都遭到輕蔑和冷嘲熱諷。但是傑克‧威爾許知道他沒有選擇的餘地：「硬體」決策是奇異長期生存的關鍵行為，並為軟體階段和 1990 年代的積極成長奠定了基礎。

19. 軟體階段：在精簡以及削減之後，是傑克‧威爾許的服務導入軟體階段。傑克‧威爾許軟體階段的中心就是聽證會，它給予那些離顧客和工作最近的人擁有對公司營運方針發言的機會。雖然，硬體階段定位於公司的成長，但是傑克‧威爾許最大的傳奇是其對商業較「軟」的那方面（例如人的價值觀、想法以及學習）的強調。

20. 使每個人都參與其中：傑克‧威爾許認為，為確保沒有人被排斥在產生新想法和搜尋更好的做事方法的過程之外，他必須努力促使「每一個人、每一個頭腦都參與到公司的事務中」。

21. 一致性：一致性是傑克‧威爾許的一大特點。在整個 1980 年代，他積極地評價了那些遵循奇異價值觀念的管理人員

（已經把那些無法這樣做的人請出了公司）。遵循公司價值觀念的管理人員是「一日行一致」的人。傑克·威爾許之所以能獲得不平凡的成功，根本原因是他做事具有顯著的一致性，他不僅為公司勾畫出一個構想和路標，而且還詳細地描述了一個奇異員工應該有的行為方式，然後他按照這種行為方式行事，以確保最高管理者能做出表率。

22. 把你公司的中心改變為「自外而內」：在其任期結束前不久，傑克·威爾許談到了把奇異的中心從「自內而外」改變為「自外而內」。在傑克·威爾許之前，奇異只對來自公司內部的觀點感興趣。威爾許要求員工把客戶的需求置於奇異的中心位置，並且不能把公司的內部觀點強加於外部世界。

23. 電子商務和「製造環節」：傑克·威爾許一開始不理解網路怎麼能應用到「製造環節」，他在這裡指的是「花費了公司如此多金錢的過程」。這包括從利用網路到計算化工品庫存，再到對傳輸系統進行數位化處理的每一件事。把人力資源部門的評論放在網路上，利用網路更好地監控奇異的客戶業務。

24. 繼續進攻：在一個全新的數位化世界中，奇異領導人唯一的行事方式就是繼續進攻。傑克·威爾許說，在今日急劇動盪的全球市場上，僅僅面對現實是不夠的。他不想聽到產品生產過程花費了太多時間，或者顧客還沒有為那種產

品做好準備這樣的話。傑克‧威爾許知道積極進取和毫不猶豫是保證公司未來的唯一辦法。傑克‧威爾許過去一直認為速度是關鍵，但到了 2000 年，在他的網路化舉措產生了明顯效果之後，他的話語中帶有了更多的感情色彩。

25. 高難度：指那些很難解決但卻具有很高潛在報酬的有待解決的問題。與之相反的就是所謂的「唾手可得」，也就是那些難度較小、很容易解決但是潛在報酬卻很低的問題。

26. 資訊技術：傑克‧威爾許將資訊技術稱為「不可缺少的工具」、「公司每一項業務的中央神經系統」。傑克‧威爾許解釋說：資訊技術是奇異在兩個重要方面成功的關鍵：一個就是作為一家資訊公司（奇異擁有 NBC、CNBC 等等），奇異很好地定位於資訊服務以及技術管理服務。第二，資訊技術的重要性超越了產品和服務提供，它同時幫助公司向新經濟競爭者的角色轉變。在 1999 年，當傑克‧威爾許推出他的電子商務行動時，他將資訊技術作為公司的頭等大事。傑克‧威爾許一直將「有助於接近消費者」以及「作為一種知識共享的工具而使更多的人參與學習」視為資訊技術最大的兩大好處。

27. 全員參與：傑克‧威爾許覺得全員參與是塑造學習型組織的關鍵點之一。他督促管理者「盡其所能以使全員參與」。他說，公司應該利用一切技術手段使每一個人參與。在奇異，傑克‧威爾許透過使想法視覺化、形成文字以及在網

路上公布，從而對這些想法進行評價。對傑克·威爾許而言，這就是「從每一個人的大腦中汲取智慧」以及「你從越多的人中獲取智慧，那麼你得到的智慧就越多，水準被提升得越高」。傑克·威爾許說：「汲取智慧有助於公司更快地成長。」

28. 開放性：任何一個努力創造無邊界企業的組織所需要的關鍵因素。傑克·威爾許認為開放性是學習型組織的關鍵要素之一，任何妨礙開放性、無邊界交流的事物都是無益的，他的許多關鍵策略和行動旨在理清所有大公司中存在的障礙。開放性在打造傑克·威爾許的學習型組織的基礎中扮演著重要的角色。透過像聽證會這樣的工具，這位奇異的董事長創造出一個在威爾許時代前並不存在的信任以及開放的環境。信任建立起來後，傑克·威爾許就可以用奇異的營運體系來增進學習並孕育組織的智慧。沒有開放性，這一切都不可能。

29. 營運收益率：衡量「生產力」的另一個關鍵。在 1960 年代、1970 年代、1980 年代，奇異的營運收益率大約為 10％。事實上，到 2001 年，奇異指出公司為實現 10％的營運收益率而「奮鬥了 100 多年」。1990 年代晚期代表了公司在這個舉足輕重的領域所取得的最重要成就。

30. 價值觀（或者奇異的價值觀）：奇異的價值觀是那些基本的信仰，傑克·威爾許認為它們與公司的成功密不可分。

奇異的價值觀對威爾許如此的重要，以至於他強調所有的員工都應該隨身攜帶奇異的價值觀卡片。奇異從沒完成對價值觀的書寫，因為它們是一份反映公司最新想法的有生命的文件。一旦傑克‧威爾許和奇異完成了自我實現，關於學習的創新性思維就在價值觀中處於中心位置。傑克‧威爾許認為奇異的競爭優勢根植於其對下面這一中心思想的承諾：「一個不斷從任何管道、任何地方學習，並快速地將學習轉變為行動的組織的渴望以及能力。」

傑克‧威爾許最經典的演講：2001 年在奇異公司股東大會上的致詞

在 2001 年奇異股東大會上的演講

大家好，我是傑克‧威爾許，奇異的董事長。和我在一起的有高級副總裁以及奇異的財務長凱斯‧謝林（Keith Sherin）和高級副總裁、首席法律顧問兼書記官海內曼。

我要再一次歡迎大家來參加亞特蘭大年會，謝謝你們的到來，特別要感謝亞特蘭大股東們的盛情。奇異目前在亞特蘭大有 4,300 名員工，其中 1,500 名員工在奇異最大的業務集團 —— 奇異動力系統集團工作，該集團在今年 2 月把總部設到了亞特蘭大。

奇異的員工已經深深植根於社區之中並展開了志願者活

261

動，最近有 500 名員工參加「亞特蘭大志願日」的活動，1 月分有 150 名員工參加了紀念馬丁‧路德‧金恩博士志願服務峰會。

昨天，傑夫‧伊梅特和動力系統集團的執行長約翰‧賴斯（John Rice）參觀了南區中學並拜會了校長比爾‧謝潑爾德（William Shepherd）博士。GE 愛爾梵協會亞特蘭大分會的志願者們自 1993 年起開始與南區中學合作，合作內容主要是透過幫助學生備考「學業能力測驗」，指導與輔導學生從而提高學業總體水準。如今在這方面所作的努力已經有了成效，南區中學學生在「學業能力測驗」中達到 800 分或 800 分以上的人數提高了兩倍，上大學深造的學生人數增加了 32%。

多年以來，在奇異所在的其他城市裡，我們一直在走訪像南區中學這樣的學校，由於奇異員工的指導和奇異提供的獎學金，已經有成千上萬原本可能上不了大學的學生進入了大學學習，我們為這些志願者及其在社區所展現出來的公司良好形象而深感自豪。現在讓我們把話題從社區服務轉到企業營運方面。

2000 年是我們有史以來最好的一年。銷售收入增加了 16%，達到了近 1,300 億美元；淨收入提高了 19%，達到 127 億美元；每股收入上升了 19%。公司的現金流量達 150 億美元；營業利潤率達到了 19%。這一水準在 5 年前看來是不可能的。

由於這一業績以及我們的員工所作的努力，奇異連續四年被《財富》雜誌評為「全美最受推崇的公司」，同時還連續四年被《金融時報》評為「全球最受尊敬的公司」。我們的表

現得到了回報，在 2000 年全年以及今年頭 4 個月，我們的股票業績超過了標準普爾指數。但這只是股票的一個方面，眾所周知，股市下跌厲害，儘管我們的業績從絕對意義上講超過了標準普爾指數，但自去年以來，奇異的股價略有下滑。

但是，迄今為止持有奇異股票達 5 年之久的人已經收到了每年 34％的投資報酬率。那些從 1980 年以來就一直持有奇異股票的人則獲得了每年 23％的總計複利報酬率。

稍後我會談到奇異的價值觀，但目前的經濟已經清楚地展示了其中一個價值觀 —— 即公司對變革的熱愛。奇異人總是把變革看作一次機會，目前的環境給了我們一次展示它的機會，而且我們也這麼做了。當許多人發出收益警報時，我們會發出收益成長的消息。兩週之前我們的第一季度結果就正好證實了這一點，我們的收入上升了 15％。我們堅信 2001 年對奇異來說又是一個創歷史新高的年分。

在接下來的報告中，我將介紹公司進入第三個世紀的情況，並告訴你們奇異在全世界的三十四萬名員工已創造出的成果。

簡而言之，奇異是一個新型公司，一個在以下各行業處於市場領先地位的公司 —— 從利用高科技生產發電設備、醫療診斷設備、飛機引擎、塑膠到消費產品（廣播、照明以及電器），再到 24 種多樣化的金融服務業務。然而，真正獨特的地方在於這些企業在奇異的融合，它們互相交流、互相學習，追求共同的目標，對共同的價值觀有著堅定的信念。正是這種互

相學習的文化和這些價值觀，使奇異不僅僅是各個部分的一個簡單組合體。這種文化以及它所促進的奇異的營運系統使我們提出一個個舉措和概念，像種子一樣種下它、重視它，看著奇異的員工使其繁榮並將其迅速推廣到整個公司。

舉例說，「全球化」是我們最早提出的舉措，最開始是為了替我們的產品和服務尋求新市場，後來很快擴展到包括尋求成品、部件和原材料的最低成本和最高品質來源。今天，這一舉措的內容變得更加豐富，並且集中到了尋找人才方面，因為我們深知，只有透過任何管道找到最優秀人才的公司才會勝出。「六標準差」是我們的第二大舉措。最初這個舉措是注重在公司內部減少浪費，提高我們的產品和生產過程的品質，這為奇異節約了幾十億美元。如今，六標準差有了進一步的發展，從 5 年前一個注重內部的活動發展到注重外部，提高客戶業務的生產力和效率。「六標準差」加強了奇異和其客戶之間的密切關係，如今我們和客戶團結在了我們稱之為「立足客戶、服務客戶」的六標準差專案之下。例如醫療系統集團已經完成了一千多個專案，去年為他們的客戶醫院創造了 1 億多美元的收益。飛機引擎集團在 2000 年完成了 1,200 多項「立足客戶」的專案，為航空公司節約了 3.2 億美元。使客戶提高生產能力可以幫助客戶和我們自己在這種嚴峻的環境中成長。

今天，「六標準差」在奇異中發揮的作用更大。它嚴格的「過程」紀律以及對客戶的重視使其成為最佳培訓專案，這是

奇異未來領導集團時可以利用的一個完美工具。我們最優秀、最聰明的員工已經被分配去負責「六標準差」工作，我相信當董事會在二十年後挑選下一位執行長時，被挑選中的那位先生或女士一定會是血液裡流淌著「六標準差」精神的人。「六標準差」已成為我們公司領導集團的語言，成為奇異品牌的一個重要組成部分。

奇異已經從一個產品公司發展成一個既生產產品也提供服務的服務性公司。20 年前我們的收入中只有 15％來自服務業，如今這一比例已達到 70％，而且將會越來越高。「產品服務」的口號開始時比較注重傳統的維修活動 —— 比如提高飛機引擎的送修週期，或更好地發送零部件，當時的目標是提高我們的產品在客戶中的可信度。

如今，「產品服務」已經成為一種高新技術。我們的許多最優秀和最聰明的工程師在以前專注於新產品的設計，如設計更高推力的引擎，更有效的渦輪引擎，更好的影像診斷設備，如今他們已加入到全公司範圍的以高新技術改良奇異已安裝設備的活動中去。人們過去總認為服務業不過是轉轉扳手，而如今它卻涉及到高新技術和軟體產品，可以使我們的客戶 —— 全世界範圍內的醫院、航空公司、公用設施和鐵路 —— 的生產力大大提高。

我們的第四個舉措「數位化」是我們最新的口號，它只在整個奇異營運系統運行了三個週期，但卻已經改變了我們的業務方式。

　　與其他每個舉措一樣，剛開始時它只是一個概念化的小種子 —— 主要是 .com 從事的工作 —— 而如今數位化早已超越了我們最初的理念。

　　與世界上的網路龍頭一樣，我們是從「電子銷售」開始的，即主要是透過網路銷售我們的產品，把我們的傳統客戶轉移到網路上進行更加有效的交易。這一點非常成功，2000 年我們在網路上賣了 80 億美元的產品和服務，這個數字到今年會增加到 200 億，這將使我們這家有 123 年歷史的公司成為世界上最大，或者是最大之一的電子商務公司。

　　在「電子購買」的方面，我們採取了同樣的方式，在競拍中採用了許多 .com 公司的思路，擁有了全球範圍的六標準差供應商網路。逆向競拍的概念是奇異的最有效優勢，我們以最快的速度把這項新技術傳播到了我們的各個業務集團中。現在我們每天都在進行全球拍賣，去年達 60 億美元，今年 120 億美元，這在 2001 年為公司節省了 6 億美元。

　　但是最大的突破是我們稱之為「電子製造」的東西，它的起源不是 .com，.com 的基礎設備太少，管道不多。「電子製造」來源於對網路能為內部過程做些什麼的了解，並看到數位化為一個能真正製造產品，並且讓「六標準差」深植血液中的老牌大公司所帶來的巨大優勢。透過對客戶服務、差旅過程的數位化，僅今年一年我們的運行成本就將節省下 10 億美元。2001 年數位化至少會為我們的每股股票增加 10 美分，而三年

前還只是零美分，這再次顯示了在奇異傳播妙計的速度之快。

去年我告訴過你們我認為「電子商務」既不是「舊經濟」也不是「新經濟」，而只不過是新技術。今天我更加堅信這一點。如果我們還需要有證明說這種技術是專為我們而誕生的，那我們已經有了證據。去年，奇異被《互聯網週刊》雜誌評為「年度最佳電子商務企業」，而上週又被《價值》（Worth）雜誌授於同一殊榮。

對奇異來說，數位化其實是一個遊戲改變者，目前經濟原因帶來了競爭的減少，這正好是奇異拓寬數位化差距，進一步增強競爭地位的時機。儘管面臨衰退的經濟，但我們今年仍將把資訊技術方面的費用提高 10% 至 15% 以達到上述目標。

關於我剛才提到的這些宏大、興盛的舉措，令人激動的是它們都處於相對幼年期。奇異人在這種互相學習的文化中工作的優勢就在於他們將繼續更新和擴展這種舉措，並提出新的舉措，他們將讓你們這些股東相信，這個公司的總和總是大於其中各個部分的簡單累加。下面我將從這些有時間限制的口號轉到無時限的價值觀，那些把我們連在一起，使這個公司以不同於世界上任何一家別的公司的方式運作的價值觀上面。

第一個就是誠信。這永遠是最首要的一條價值觀。誠實意味著遵紀守法，不僅是字面上而且是精神上。但它不僅僅是守法，它存在於我們擁有的每一種關係的核心，有了基於誠信的信任，我們的員工就可以制定業績目標並相信我們「沒有實現

目標並不意味著會受到懲罰」的承諾。

在我們對外與工會和政府打交道時，我們可以自由地以一種建設性方式代表我們的立場：不管是「同意」還是「不同意」，我們內心知道我們的誠信是毋庸置疑的。轉型時期是充滿變革的時期，我們的一些價值觀念會為了適應未來的挑戰而有所調整，但有一條不會，那就是我們對誠信的承諾，這意味著我們不只去正確地做每一件事，而是每次都要做正確的事。

其他的一些價值觀，我在上面已經談到過了，熱愛變革，抓住它所帶來的機遇，認識到我們所做的一切只有有利於我們的客戶才會真正有利於我們自己的成功。如果說奇異注定要成為二十一世紀最偉大的公司，那麼我們必須同時成為世界上最注重客戶的公司。

如果我們不去尋找、挑戰並發展世界上最優秀的人才，我們就完不成上面的目標。發展優秀人才最終是奇異真正的「競爭核心」。除非我們總能擁有最優秀的人才（那些總是力爭成為更好的人才），否則光靠我們的技術，我們的規模，我們的營運範圍，我們的資源是不可能使我們成為全球最佳企業的。這就需要在評估公司每一個員工時有嚴格的紀律，在和他們打交道時有完全的坦誠。

我們在每一個評估和獎勵機制中都把員工分成三大類：頂尖的 20%，具有良好業績的中間 70% 以及底層的 10%。奇異的主管們知道有必要鼓勵、激勵並獎勵頂尖的 20% 員工，並且

確保激勵具有良好業績的 70% 員工能更上一層樓，但主管們也同時有決心以人道的方式每年換掉底層的 10%。這才是創造菁英人才並使之興盛之道。

多年以來我們一直在談論這些獲勝的人所擁有的一項品質，這也是我們必須在所有員工身上培養的品質，即神奇且必不可少的自信心。真正了不起的公司總是對它的員工提出大的挑戰，讓員工充滿自信，這種自信只能由成功中獲得。幾週之前我們在老虎伍茲身上就看到了這種自信，當時高爾夫錦標賽臨近尾聲，他信步走在球道上，周圍是他的對手，個個都是優秀選手，卻顯得萎靡不振。當你參與競爭時自信絕對是個關鍵、有利的要素。

充滿自信的一群人也以十足的簡約與人交流，用清楚、令人激動的話語去激勵別人，以迅速、果斷的行為去抓住每一個機會。速度非常重要，我們每天都進步得更快。我相信以後的權威會寫文章，說今天奇異的步伐與明天奇異的迅雷之勢相比是如何的遲緩，甚至吃力。正是對變革的熱愛和渴望抓住變革的念頭，才使奇異像今天這樣重要，有活力、與眾不同，我們永遠不能失去這種對變革的熱愛。

奇異很龐人，以後還會變得更大。領導它的人都知道規模大本身並沒什麼價值，無非是有能力讓一間公司一次次開發新產品，成立合資公司，進行併購，領導人非常清楚有些不一定成功，有些則會失敗，但這沒有關係，因為規模和資源使我們

能夠從頭再來，一次次嘗試。我們所分享的價值觀幾乎全是鼓舞性的、催人奮進的、有積極意義的。但有一條並非如此，我們對官僚主義的根深蒂固的憎惡源於它給任何一家公司、機構及其人員所造成的精神危害，以及它對我們堅信的其他價值觀的削弱作用。官僚主義憎恨變革，不關心客戶，喜歡複雜，害怕高速度而且達不到高速度，它也不會激勵任何人。奇異致力於和其他任何大機構一樣，堅決做到沒有官僚。

　　我們在過去二十年裡持續向官僚主義發起鬥爭，並且整體是成功的，我們從中創造出一種被我們稱之為「無邊界」的行為。

　　「無邊界」行為是我們一直很渴望具有的一種小公司才擁有的特性。它是指打破或不去理睬一切人為的屏障（職能、官銜、地域、種族、性別或其他障礙），直奔最佳想法。「無邊界行為」只有在充滿自信時才會興盛，如同它在今天的奇異，而且它在明天的奇異將會更加興盛。「無邊界行為」和「不拘形式」是相伴而行的。在奇異，「不拘形式」的含義遠遠不只是指直接稱呼大家的名字，或者經理不穿西裝，不打領帶，或者取消預留車位以及其他表示官職的服飾。「不拘形式」是指公司任何部門的任何一個人，只要他有一個好主意，一種新觀點，他就有權（事實上，我們也期待他能如此）告訴任何人並且知道別人會認真傾聽和重視他的觀點。無論在哪一種場合，最佳創意總能勝出，整個公司也會因此而不同。這種「不拘形式」以及它帶來的「無邊界」行為使奇異成為一個不斷學習的

公司，一個士氣高揚、充滿好奇的企業。奇異在全球搜尋、培養最優秀的人才，並且培植他們一種永不滿足的學習願望、拓展願望，每天都去尋找更好的主意、更好的方法。就我而言，十年以來我一直在尋找的一個最佳主意，就是誰將接任我成為公司下一任董事長。

我日益堅信，這二十年來我找到的最佳主意，就是在你們各位董事的積極贊同之下，推舉傑夫‧伊梅特擔任你們下一任董事長兼執行長。我相信傑夫和他的優秀團隊將把奇異帶到一個今天的我們還只能夢想的發展高度和優秀水準。我完全相信這個偉大公司的前途會更加美好。

謝謝大家這些年對我們的熱情支持。

電子書購買

國家圖書館出版品預行編目資料

這位 CEO 有點斜槓，奇異總裁傑克.威爾許
: 六標準差、無邊界概念、區別化人才激勵機
制 …… 一場屬於奇異的管理革命 / 徐博年, 趙
建著 . -- 第一版 . -- 臺北市 : 崧燁文化事業有限
公司 , 2022.06
　　面；　公分
POD 版
ISBN 978-626-332-401-5(平裝)
1.CST: 威爾許 (Welch, Jack, 1935-) 2.CST: 傳
記 3.CST: 企業管理
494　　　111007733

這位 CEO 有點斜槓，奇異總裁傑克‧威爾許：六標準差、無邊界概念、區別化人才激勵機制……一場屬於奇異的管理革命

臉書

作　　　者：徐博年，趙建
發 行 人：黃振庭
出 版 者：崧燁文化事業有限公司
發 行 者：崧燁文化事業有限公司
E - m a i l：sonbookservice@gmail.com
粉 絲 頁：https://www.facebook.com/sonbookss/
網　　　址：https://sonbook.net/
地　　　址：台北市中正區重慶南路一段六十一號八樓 815 室
Rm. 815, 8F., No.61, Sec. 1, Chongqing S. Rd., Zhongzheng Dist., Taipei City 100, Taiwan
電　　　話：(02) 2370-3310　　　傳　　　真：(02) 2388-1990
印　　　刷：京峯彩色印刷有限公司（京峰數位）
律師顧問：廣華律師事務所 張珮琦律師

定　　　價：350 元
發行日期：2022 年 06 月第一版
◎本書以 POD 印製